人生底层逻辑

摆脱困惑迷茫的强者思维

林 祥◎著

中国致公出版社

| 序言 |

一个人闯荡社会，做人和办事是重要的生存本领。无论你身处哪个行业，担任什么职位，如果想有所作为，必须掌握人生的底层逻辑。

"做人不可任己意，要悉人之情；做事不可任己见，要悉事之理。"情商高的人努力学习、用心体悟办事的艺术，并在日常生活、工作中身体力行，成功跨越出身和运气，实现了富足与自由。

美国南北战争期间，陆军部长斯坦顿来到林肯的办公室，气呼呼地说："一位少将竟然用侮辱的话指责我偏袒他人！"

对此，林肯表达了同情，然后建议斯坦顿立即写一封言辞犀利的信，回敬那位可恶的家伙。当时，林肯甚至强调："可以狠狠地骂他一顿。"

斯坦顿大受鼓舞，立刻把信写好了，还拿给总统看。林肯看完信，提出建议："措辞还可以更严厉一些，要把你的怒火完全发泄出来。"接着，斯坦顿开始写第二封信。

"对，就这样反击。把他好好教训一下，自然不会有人再敢惹你。"林肯看了第二封信，连连叫好。

但是，当斯坦顿准备把这封信寄出去的时候，林肯却立即拦住了他，问道："你干什么？"斯坦顿大声说："马上把信寄出去呀！"

林肯摆摆手，坚定地说："不要胡闹！这封信不能寄出去，快把它扔到炉子里烧掉。我相信，你已经消除了怒气。你现在要做的事情是，重

| 人生底层逻辑 |

新写一封措辞诚恳的信，维护好你们的关系。"

　　正如林肯所说，那封信如果寄出去，后果将不堪设想。陆军部长和少将之间的矛盾无法调和，整个军队都会受到不利影响。显然，林肯更具大局意识和做事智慧，他及时制止斯坦顿的鲁莽行为，避免了更大的麻烦。

　　为什么会好心办坏事？为什么做任何事都没人支持？为什么很努力却找不到头绪？为什么永远说得多做得少？显然，你在做人办事方面还欠火候，缺乏对人心、情势、时机的掌控能力。

　　李嘉诚说："对人诚恳，做事负责，多结善缘，自然多得人的帮助。淡泊明志，随遇而安，不作非分之想，心境安泰，必少许多失意之苦。"这说明，我们要理解人性思维，读懂人情世故。

　　巴菲特说："人不是天生就具有始终能知道一切的才能。但是那些努力工作的人有这样的才能，他们寻找和精选世界上被错误定价的赌注。"这说明，我们要研习人生算法，掌握博弈智慧。

　　"想做的事很多，却没有一件事能办好"，如何才能摆脱这种痛苦，找回内心强大的自我？显然，如果没有掌握人生的底层逻辑，即使付出再多努力，也是徒劳无功。

　　本书全面、深入、系统总结了16个人生底层逻辑，帮助你逆转眼前的被动局面，告别做事的无力感和焦虑感，从而在工作和生活中取得主导权，彻底掌控自己的命运。

　　"在事业上谋求成功，没有什么绝对的公式。如果能依赖某些原则，能将成功的希望提高很多。"希望你从此刻开始做出改变，通过本书介绍的方法，在做事的过程中出成果，享受完成工作的成就感，拥有成功人生的资本。

目录

上篇　人性思维：人事的认知与遵从

第01章　人性逻辑丨成熟不是看懂事情，而是看透人性 / 003

在任何事件中，都别低估人性的影响。耐心了解对方的心理、兴趣、需求、利益等，在规规矩矩的前提下遵循人性逻辑行事，自然容易达成所愿。

"利他"即"利己"…………………………………………… 004
了解对方的真实需求…………………………………………… 006
再强大的人也有致命弱点……………………………………… 008
学会同情并理解他人…………………………………………… 010
没有人喜欢被动接受命令……………………………………… 013
务必重视对方的兴趣…………………………………………… 015
守住人生的低处，才是高人…………………………………… 017

第02章　处世逻辑丨处理好事情要讲"情、理、法" / 021

一个人在事业上取得成功，80%取决于与人相处的能力，20%来自自己的心灵。如果你具备了非凡的处世能力，能够积累广泛的人脉资源，并善于处理各种关系，那么做事就会游刃有余，人生也会风生水起。

人生最要紧的是人情……………………………………………… 022
把握情、理、法的办事序列…………………………………… 024

| 人生底层逻辑 |

藏起精明，做一个笨人……………………………………… 026
提升对方的权威度能赢得好感……………………………… 028
永远不要忽视"小人物"…………………………………… 030
对他人的信任要留有余地…………………………………… 032

第03章　生存逻辑｜当你足够强大，世界才会对你和颜悦色 / 035

在大自然里，弱肉强食是公认的丛林法则。在人类社会中，血酬定律是放之四海皆准的道理。心慈手软，对欲成大事者来说，永远是致命的弱点，是那些失败者功亏一篑的重要原因。请牢记，社会运转的潜规则是适者生存。

敬畏强者是人的生存天性………………………………… 036
真实的人生逆流成河……………………………………… 038
人生没有第二次选择……………………………………… 040
"好坏"不是唯一的标准………………………………… 042
为何形势永远比个人能力重要…………………………… 044
一味软弱退让未必有好结果……………………………… 047
笑到最后，才算是胜利…………………………………… 048

第04章　社交逻辑｜上半夜想想自己，下半夜想想别人 / 051

成功，更在于你认识谁，以及与人打交道的能力。凡事先考虑到对方的利益，注重对方的心理感受，做出对方易于接受的方案，那么对方必然将心比心，认同你、理解你、支持你。如此一来，你无论干什么都会水到渠成。

做事先安人，安人先安心………………………………… 052
正确应对他人的情绪……………………………………… 053
伟大的代价，就是责任…………………………………… 056

目录

会捧场的人更有好人缘……………………………………058
考虑自己的感受，也照顾别人的想法……………………060
先说出你自己的错误………………………………………063
陌生人是你迟早会认识的家人……………………………065

第05章　利益逻辑丨没有永远的敌人，只有永恒的"互利" / 067

天下熙熙，皆为利来；天下攘攘，皆为利往。人与人之间的一切进退、取舍、权衡，都逃不过一个"利"字。会办事的人既想到自己，也能照顾别人，你中有我，我中有你。反之，如果自己独吞好处，那么即使有惊世的才华也难有作为。

天下没有免费的午餐……………………………………068
有了好处要和大家一起分享……………………………070
放弃竞争，选择竞合………………………………………072
以二合一来代替二选一……………………………………073
别人贪婪时，你一定要谨慎………………………………075

第06章　人心逻辑丨不想大跌眼镜，就别对人太势利 / 079

三十年河东，三十年河西。身居高位的贵人早上还是公卿，可能到了晚上就会变成平民；有人穷困了一辈子，到头来咸鱼翻身。面对诸多让人大跌眼镜的事，你要谨记：做人千万不要太势利。

三十年河东，三十年河西…………………………………080
别瞧不起现在看来很俗的人………………………………082
心存偏见的人总是弱者……………………………………084
不在失意者面前谈论你的得意……………………………087
以德报怨，路越走越宽……………………………………089
少一个敌人，多一条出路…………………………………091

· III ·

第07章　成长逻辑 | 持续进步来源于不断突破困境 / 095

没有横空出世的幸运，只有不为人知的努力。虽然生活泥沙俱下，但是我们仍要循着光亮奔跑，与属于自己的时代亲密拥抱。强大且自信，勇敢突破眼前的困境，才不会辜负时间的期许。

接受生活的礼物，不论好坏……………………………… 096
你是不是缺乏自控力……………………………………… 098
控制好情绪是一生的修行………………………………… 100
沉住气，人生没有翻不过的山…………………………… 102
忍受生命中的那份悲伤…………………………………… 104
你比想象中的自己更强大………………………………… 106

第08章　取舍逻辑 | 拿得起是一种勇气，放得下是一种胸怀 / 109

不必站在50岁的年龄，悔恨30岁的生活；也不必站在30岁的年龄，悔恨17岁的爱情。人总要跟自己握不住的东西说再见，当你学会了断舍离，意难平终将和解。

懂得割舍，反而能收获更多……………………………… 110
患得患失的人不得安宁…………………………………… 112
放不下是所有烦恼的根源………………………………… 114
断舍离能治愈一切焦虑…………………………………… 116
学会从人生舞台体面地退场……………………………… 118
遗忘是一种生活的智慧…………………………………… 120

目录

下篇　人生算法：成事的大道与超越

第09章　认知逻辑丨人这一辈子，都在为认知埋单 / 125

人有两次生命，一次是出生，一次是觉醒。如果你想在风华正茂之时重获新生，一定要通过深度学习和思考来审视自己的未来，看清世界真相，在开启认知驱动之后，走出低效勤奋的陷阱。

- 思维正确，世界就是正确的 …………………………… 126
- 别把简单的事情复杂化 …………………………………… 127
- 错误不断，该反省一下了 ………………………………… 129
- 勇敢打开"虚掩的门" …………………………………… 132
- 名利在时刻左右我们的判断 ……………………………… 134
- 换位思考让你脑洞大开 …………………………………… 136
- 具备强大的纠错与修正能力 ……………………………… 139

第10章　熵减逻辑丨生命的成长过程就是不断对抗熵增 / 141

彼得·德鲁克说过："管理就是要做一件事情，即如何对抗熵增。"从企业到个人，都要遵从熵减逻辑，增强生命力，而不是随着热情与活力降低，最终效率低下，默默走向灭亡。

- 人活着就是在对抗"熵增" …………………………… 142
- 厉害的人都摆脱了精神内耗 ……………………………… 144
- 战胜思维惰性，培养主动精神 …………………………… 146
- 每天先做好最重要的事情 ………………………………… 148
- 有梦想的人懂得用目标约束自己 ………………………… 150
- 没有计划的人迟早掉队 …………………………………… 152

第11章　复盘逻辑｜优秀的人善于把经验转化为能力 / 155

这个世界上，到处都是有才华的"穷人"。虽然才高八斗、学富五车，但是为何最后穷困潦倒、一事无成？究其原因，就是不懂复盘逻辑，没有把过去的经验转化为能力，激发创新与复制成功更是无从谈起。

做事的态度决定事业的高度 ································ 156
一次只做一件事，避免半途而废 ···························· 157
经验为什么会变成陷阱 ···································· 159
不要拒绝看似不可能完成的任务 ···························· 161
掌控时间才能掌控一切 ···································· 163
聪明人都允许自己出错 ···································· 164

第12章　闭环逻辑｜靠谱的人"凡事有交代，件件有着落，事事有回音" / 167

在团队中，靠谱的员工能够做到凡事有交代，件件有着落，事事有回音，实现了做事不断线，在协作中完成闭环。对个人来说，打造正向闭环能力，办事简单高效，获得可预测的稳固收益，是一项强大的竞争力。

深度思考才能逼近问题的本质 ······························ 168
培养高效的工作习惯 ···································· 171
牢记一万小时的成功准则 ································ 173
主动寻求支持 ·· 176
利用逆向思维考虑并解决问题 ······························ 178
出了问题不找借口才靠谱 ································ 179

目录

第13章　博弈逻辑丨逆转局势，让你的获胜机会更大 / 183

做事的真谛无非是懂博弈、知进退。冒进而不知后退之人，其勇气固然值得赞赏，但大多时候都是莽夫之举。健康的野心是一种积极进取的力量，但野心要建立在理性思考和行动的基础上。不成功绝不罢休是一种优秀品质，但敢于撤退才是伟大的将军。在万丈深渊面前，只有愚蠢的人不懂得回头。

- 在权力最大时说出条件 ………………………………………… 184
- "囚徒困境"中的占优选择 ……………………………………… 185
- 逃离"博傻理论"的怪圈 ………………………………………… 187
- 关键时刻亮出手中王牌 …………………………………………… 189
- 让步，以退为进的博弈策略 ……………………………………… 191
- 不要挡别人的财路 ………………………………………………… 193
- 只有愚蠢的人不懂得回头 ………………………………………… 195

第14章　概率逻辑丨坚持做难而正确的事，人生必有所得 / 199

成功人士善用概率思维解决问题，极大地提高了人生胜算。谈判、投资、炒股、择业、恋爱……你以为别人取得成功只是靠运气，其实是概率逻辑在支配一切。

- 穷不可怕，可怕的是安于贫穷 …………………………………… 200
- 让大数据告诉你该做什么 ………………………………………… 202
- 错误不可避免，它是世界的一部分 ……………………………… 204
- 关键时刻必须"独断专行" ……………………………………… 206
- 大势不好未必你不好 ……………………………………………… 208
- 哪里有抱怨，哪里就有机会 ……………………………………… 210
- 每个成功者都是"狠角色" ……………………………………… 212

第15章　跨界逻辑｜领导力决定一个人的办事效率 / 215

今天，领导力不再是某些人的专属能力，它已经成为每个人生存、发展所需的硬技能。无论你是组织领导者，还是个体工作者，学习一系列可操作、可践行的方法，或挖掘自身潜在的隐形领导力，已成为一门人生必修课。

- 高情商领导都是情绪的主人……………………………… 216
- 鼓励身边的人获取成功…………………………………… 218
- 创造接纳沟通的心理氛围………………………………… 220
- 爱护每个人，哪怕是你的敌人…………………………… 222
- 借力用力是最高级的成功………………………………… 224
- 在集体中完成你的个人理想……………………………… 226

第16章　逆袭逻辑｜好起来的从来不是生活，而是你自己 / 229

做人如果没有梦想，跟咸鱼有什么分别？太多人过着平淡无奇的生活，在没有悬念的剧本里起舞，一颗火热的心渐渐失去温度。在人生这条路上，能带给人安慰的只有梦想和奋斗。

- 走过人生的鄙夷与不屑…………………………………… 230
- 主动形成自律生物钟……………………………………… 232
- 做事可以枯燥，但心不能浮躁…………………………… 233
- 学会用努力战胜怒气……………………………………… 236
- 大胆突破自己的舒适区…………………………………… 237
- 心怀不满的人什么都做不好……………………………… 239

上篇 人性思维

人事的认知与遵从

中国文化一直在讲人情、讲世故,这是生存的逻辑与智慧。所谓"人情",是指人的性情,以及融洽相处的感情。所谓"世故",是透彻地了解事物,懂得过去、现在、未来。既懂"人",也懂"事",这是一切行动的开始。

生活工作中,一定要理解人性,懂人情世故。否则,开始就注定了没有成功的可能,这样折腾下去只是白白地浪费精力。而一个谙熟人情世故的人,哪怕刚开始能力差一些,想要做好还是大有希望的。因为懂得了人情,自然容易办好事情。

| 第 01 章 |

◆

人性逻辑

成熟不是看懂事情，而是看透人性

在任何事件中，都别低估人性的影响。耐心了解对方的心理、兴趣、需求、利益等，在规规矩矩的前提下遵循人性逻辑行事，自然容易达成所愿。

"利他"即"利己"

无论在自然世界里，还是在人类社会中，自我保护始终是一种本能。对每个人来说，保证人身安全、维护自身利益是正常的心理意识。换句话说，"利己"是一种生存本能，是人的本性需要。

古往今来，许多思想家批判利己主义思想，倡导利他的心理文化；然而，这无法否定"利己"是人性的本能这一事实。承认利己的正当性与合理性并不是可耻的事情，因为"利己"并非排斥"利他"。相反，"利他"即"利己"。

没有人希望自己的辛苦付出无法得到回报，没有人希望每天的日子苦不堪言，追求个人幸福与利益，从根本上会带动整个社会的发展和进步。因此，做事的时候尊重他人的利益和诉求，无疑会帮助我们顺利达成预期目标。

清初年间，山西豪富亢氏在原籍平阳府开了一家当铺，后来有人在亢氏当铺附近也开了一家当铺。亢氏眼见自己开办的当铺生意被别人抢了，很不甘心，决心挤垮那家当铺。于是，每天派人到那家当铺中典当一个金罗汉，典价银1000两，连续典当了3个月，把这家当铺的资本几乎耗光了。

这家当铺的主人着了慌，忙问典当人何以有这么多的金罗汉要典当？来人答道："我家有金罗汉500尊，现在只典当了90尊，尚有410尊金罗汉要拿来典当哩！"

第01章

人性逻辑 | 成熟不是看懂事情，而是看透人性

这家当铺主人听了大吃一惊，急忙向来人施礼，询问来人的主家，才知原来是平阳府巨富亢氏。当铺主人自知不是亢氏的对手，只好托人与亢氏协商，请将金罗汉赎回，然后关门闭业，远走他乡。

在上面的故事中，亢氏挤垮抢生意的人是出于维护己方利益的本能；而被挤兑的一方之所以遭遇亢氏的反抗，是因为侵犯了对方的利益，没有"利他"。于是，竞争和较量便不可避免。

生活中，利己行为随处可见，在工作中表现得更加明显。升职加薪的机会只有那么几个，谁愿意拱手让人呢？这时候，我们会不自觉地无限扩大自己的优点，夸大别人的缺点，让事情朝着对自己有利的方向发展。

利己不是自私。在人类发展的历史长河中，人们一直在与自私的观念做斗争，并企图消除人的自私之心，宣扬博爱思想。这是对的。但是不能因此否定人有自我保护的本能。明白了这一点，"利他"即"利己"的观念才能深入人心。

无数事实证明，利己并没有错，利己行为也并非不道德。在人性深处，"利己"是维护个人和整个人类生存发展的基本要求。只要不损害他人和集体的利益，利己就没有错。工作中，没有一点儿利己意识是非常危险的，因为这很可能导致"为他人作嫁衣"。自己辛苦了半天，最后被别人拿走劳动果实，这是任何人都无法接受的。

利己是人的一种心理本能，明确了这一点，你可以正大光明地追求个人理想与奋斗目标，并与他人展开正当竞争。当然，己所不欲勿施于人，在追求、维护己方利益的同时，也要尊重他人的利益，实现"利他"，才是双赢。

所以，基于每个人都有自己的利益诉求，如果你能尽力满足对方这种需求，显然会得到对方的支持和帮助，顺利达成所愿。

了解对方的真实需求

赢取友谊与影响他人最有效的方法之一，是认真对待别人的想法，了解对方的真实需求。比如，与人谈话时，只有聊到感兴趣的话题，才能吸引对方注意，进而令其主动"上钩"。

一个人从呱呱坠地的那一刻开始，他所做的一切事情，说的每一句话，每一个微笑，都是从自身的需求出发，都是为了自己。哈雷·欧佛斯托教授曾经说过，行动是在人类的基本欲望中产生的。如果你想说服别人，最好的建议应该站在对方的立场，了解他们的迫切需要。如果能做到这一点，那么整个世界都将掌握在你的手中。

因为儿子身体的原因，在纽约工作的芭芭拉·安德森不得不搬到亚利桑那州的凤凰城。搬家以后，她需要找一份新工作来供养整个家庭。为此，她写信给凤凰城的12家银行。

敬启者：

以我10多年在银行界的经验来说，我一定能使你们产生浓厚兴趣，那么不妨花费一些时间来了解一下我的经历。

早年，我曾在纽约金融业者信托公司任职，处理过大量不同的业务工作，直至晋升为分行经理。我对银行的方方面面了如指掌，

第01章

人性逻辑 | 成熟不是看懂事情，而是看透人性

在维护与存款客户的关系，以及接待问题、行政管理上能做到游刃有余。

今年5月，我将迁居到美丽的凤凰城来，非常希望能为你们的银行贡献我的一技之长。4月3日，我将拜访凤凰城，如果有机会能同你们做进一步的深谈，则不胜感激；如果能对你们银行的业务有所帮助，实乃我的荣幸。

猜想一下，安德森太太能得到回复吗？答案是肯定的，11家银行表示愿意接待安德森太太做更深一步的面谈，而她可以不费心力地选择待遇最好的一家。

这样的求职看起来异乎寻常地简单，效果却非常好。为什么呢？不难发现，安德森太太并没有陈述自己需要什么，而是站在对方的角度看问题，说明自己可以为银行提供什么帮助。她把重点放在银行的需求上，自然容易赢得对方认可。

在市场经济占据主导地位的社会中，许多人都追求个人价值与利益的最大化。所以，当群体中偶尔出现了几个无私而又愿意提供帮助的人，他们就能获得极大的收益。因为，很少有人会在帮助他人方面与之竞争。欧文·杨是一名商业领袖，同时也是一位知名律师，他曾经说过："能够为他人着想，了解他人需求的人，永远不用担心未来。"

许多人每天忙碌不堪，踏破铁鞋却一事无成。因为在他们的心中，时刻想到的都只是自己的需要，而忽略了他人的需求。比如，如果不去考虑顾客想不想买东西，顾客喜欢以什么方式来购买，注定做不好销售

工作。因此，"时刻关注对方的需求，激发对方的欲望"，就显得尤其重要。当然，它并非操控别人，让对方去做对你有益的事，而是追求让双方互利共赢的目标。

显然，世上唯一能够影响到别人的办法，就是给予对方所需，同时告诉他如何去获得。当你要求别人做某些事情的时候，不妨弄清楚对方的真实需求是什么，然后围绕这一诉求，用一种委婉的方式提出自己的要求。

从今天开始尝试着做出改变吧，当我们想要劝说某人时，不妨先自问，"我要怎样才能让他做这件事？"这样便能避免我们在匆忙之中面对他人，导致多说无益，徒劳无功。最后，请牢记一句箴言："先激起他人的欲望，才能与世人一道，永不寂寞。"

再强大的人也有致命弱点

处理任何事情，都要面对具体的人。每个人都有自己的爱好、习惯、性格，这往往是你打开局面的突破口。碰到难办的事情、难缠的客户而一筹莫展，不妨把眼光放到关键人物身上。只要有的放矢，就能有所收获，顺利达成所愿。

再强大的人都有软肋，你只需努力去找，一定会有所收获。了解人的弱点，有助于你掌握主动权，找到解决问题的方法。事实上，与人打交道，你要明确对方的利益诉求，摸准对方的脾气。另外还要拿捏好分寸，不急不躁，不亢不卑，这样就可以在某一时刻势如破竹，成功达到预期目标。

在希腊长大的船运大王欧纳西斯，17岁时带着一点微不足道的旅费背井离乡，远渡重洋到阿根廷闯荡。最初，他从事小生意，节衣缩食，逐渐有了积蓄。

两年后，欧纳西斯联系远在希腊的父兄，从中东采购烟叶贩卖到希腊。为了打开业务，他每天都到H·G香烟公司，站在董事长室门口，寻求合作机会。虽然有人劝说这样做徒劳无功，但是他没有放弃。因为他从侧面了解到，董事长是个慢热型的人，而且只有绝对真诚才会感化他。

董事长看到欧纳西斯站在门口，很奇怪，但是也不好说什么。三个星期后，这位董事长忍不住问："你要做什么？"

欧纳西斯坚定地说："我要出售我的烟草。"

"噢，那么，请你去采购处！"董事长觉得这位年轻人可怜，也有些可取的地方，说道，"等着，年轻人，我给你打个电话。"

采购处的人来了，董事长当面介绍欧纳西斯，从而帮这位年轻小伙子顺利将商品卖给H·G公司。

后来，欧纳西斯卖给H·G公司的烟草数量逐渐增多，很快就开了一家香烟制造工厂。日后，他涉足船运业，多年后成为船运大王。

一个19岁背井离乡的年轻人，没有一点儿人脉关系，没有一点门路，但是他默默站立三个星期，最终感化了H·G香烟公司的董事长。善于利用人性弱点，任何棘手的问题都能解决。理解了这一点，你就能明白，欧纳西斯为什么能够成为世界富豪。

了解他人的弱点，需要观察敏锐，做到见微知著。一些识别人才的专家之所以能够在短时间内对一个陌生人做出准确科学判断，是因为他们能够在与对方接触的过程中，于细微之处剔除表面的假象，发现真相。

显然，一个人的观察能力是极其重要的。观察水平的高低决定了你识人水平的高下，进而决定着与人打交道的效果、成败。准确观察言行、识别人性，不仅要善于识别表面现象，还要透过假象看到本质，从而做出正确的判断，采取有效的行动。

遇到难缠的客户，费尽心力也可能一筹莫展。这时，你不妨放下一切，仔细研究一下对方的喜好、习惯，以及他最近最上心的事情是什么。一旦找到突破口，并有针对性地采取对策，就很容易突破眼前的困局。

学会同情并理解他人

在你遇到的人当中，有75%渴望得到同情，他们或许经历了亲人的离世，或许遭遇了人生的重大挫折，或许承受着感情的创伤。无论何种原因，面对渴望得到同情的人，大方地给予应有的关心吧！给予他们一点爱，你会获得十倍的回报和尊敬，从而在做事过程中赢得更多支持。

每个人都需要"同情"。它似乎是这世间最为奇妙的东西，能轻易地化解彼此之间的不信任，是人与人之间合作共处的重要感情基础。如果你拥有大量财富，你可能获得很多人的拥护，却无法赢得别人的真心；如果你拥有一颗同情心，那么将获得财富所无法换来的人心。

第01章

人性逻辑 | 成熟不是看懂事情，而是看透人性

住在白宫里的人，每天都要面对大量棘手的问题。塔夫脱总统也不例外，虽然贵为一国的领袖，但他依然饱受人际关系的困扰。在《服务的伦理》一书中，塔夫脱曾经对一位别有企图的母亲做了十分生动的描述。

"华盛顿有位女士跑来找我，她的丈夫在政治圈中颇有影响力，她花费将近六个礼拜的时间来说服我，希望我把某个职位派给他的儿子。"塔夫脱在书中这样写道。

"她认识许多参议员，也拜托他们向我强调这件事。由于这个职位的特殊性，我们必须做技术上的鉴定。最后，我把该职位派给了另外一个人。没过多久，这位母亲写信来，说我是一个'忘恩负义'的人，让她成了'最不快乐的女人'。她还提及自己曾为一项我所关心的法案四处奔走，并赢得了各州代表的支持，最终才使得这项法案顺利通过，而如今我却如此回报她。

"收到这封信的时候，我非常恼火，首先感觉对方是一位既不讲理又完全没有礼貌的人。当时，我想马上写一封信回击她，但冷静下来仔细想想事情的来龙去脉，又放弃了最初的想法。过了两天，我才在回信中非常客气地告诉她，我此刻能理解一位母亲失望、难过的心情，但这项工作由谁来担任不是单靠我一个人决定的，必须依照工作的需要。除此之外，我希望她的儿子能够在现在的位置上，做出她所期望的成就。

"出乎意料的是，这封信平息了她的愤怒。在回信中，她对我表示了深深的歉意。但我的任命并没有马上通过，过了很长一段时间，我又收到了一封自称是她丈夫的信。我能看出，信是由她所写。在信中，她

说自己患了严重的神经衰弱，病得无法起床，并有可能恶化为更严重的胃癌。在信中，她再一次恳求我将这个职位给她的儿子，从而让她的病情有所好转。

"于是，我不得不再次回了一封信，但这封信是写给她丈夫的。我在信中说，对此我深表同情，希望她的病是误诊。他一定会为妻子的重病而难过，但让我撤销之前的决定是万万不可能的。最终我的那项任命顺利通过议会批准，在接到那封信两天后，我在白宫举行音乐会。会上，我遇到了那位夫人和她的丈夫，他们向我表示了深切的问候，尽管之前她还装过病。"

塔夫脱总统最终平息了这位夫人的愤怒，因为他深知同情的巨大作用。因此，面对他人的种种问题，如果你能深表同情，不仅能够平息对方的不满，还能赢得其好感。格兹博士曾经在《教育心理学》中说过，每个人都渴望得到他人的关心和同情。

小孩子受了伤，便迫不及待地把伤口展示给大人看，甚至夸大自己的伤势，就是为了能获得更多的同情。大人也不例外。他们同样会暴露自己的伤痕，无论是心理上的还是身体上的。他们急于诉说自己的苦难和悲痛，渴望得到更多的关爱和同情。

同情是一种悲天悯人的情怀，它是善良心灵所折射出的最耀眼的光辉。它无价，又珍贵无比。这是善者对弱小者的扶持和呵护，是一个生命对另一个生命的关爱。这样的爱是博大的，是无私的。

你成为目前的样子，原因并不全在你；而那个令你讨厌、不可理喻的人，那副恼人的样子，原因也不全在他。为那个可怜的家伙难过吧，可怜他，同情他，自然容易博得对方好感，帮你迅速走进他人的心里。

当我们带着诚意，用同情心感受对方的一切，哪怕是脾气最坏的老顽固都能软化下来。如果想让对方接受你的观点，促成某件事情，何不先与之保持一种良好的关系，并充分表达你的同情心？在无声之中，用同情滋润对方的心灵，让同情这把焰火送去温暖，自然容易打开对方的心门，拉近彼此的距离。

没有人喜欢被动接受命令

关于如何与人相处的话题，谈论三天三夜也说不完。一位先生曾与某商界领袖共事三年，他宣称，从未听过对方用任何带有命令的语气指使别人做事，而只是提出自己的建议。譬如，他从来不会说，"你做这个，你要这样做才行"，或者"这样不可以，必须这样才行"。他只会说"你可以考虑这样做"，或者"你觉得那样好吗？"。

这种方法容易让一个人改正错误，因为没有人愿意被动地接受命令。委婉地劝告，可以维护对方的尊严和自觉，这种方法有助于促成合作，而不是令人对抗。无礼的命令只能导致长久的愤恨，即使这个命令是用来改正很明显的错误。所以在任何时候，你都无权命令、指使别人，即使你是对方的上司也不应该这样做。

伊安·麦当劳是南非约翰内斯堡一家小工厂的总经理，最近接了一份大订单。不过，他觉得没有办法及时赶上交货期。由于工厂的工作进度早已安排好，在短时间内赶出一大批货，的确没有十足的把握。

| 人生底层逻辑 |

对此,他没有催促工人赶工,更没有下死命令让他们必须在短时间内完成。他只是召集所有员工,然后把事情的来龙去脉详细地说明了一番,便开始提出问题。"我们有没有什么办法能够处理这批订单?""有没有什么办法可以调整一下工作时间或个人分配的工作,以加快生产进度?""有没有人想出其他办法,看我们的工厂是不是可以接这批货?"

员工听完后纷纷提出自己的看法,并且坚持接下这笔订单。大家坚信,"我们一定能够完成"。结果可想而知,在员工的齐心协力下,伊安·麦当劳如期赶出了这批货。

谁都讨厌被人命令,受人指使,即使你的孩子也不例外。试想一下,如果你每天都命令他去完成功课,而不是只顾着玩耍,他会有怎样的回应呢?或许他嘴上说着"知道了",行动上却总是磨磨蹭蹭,不会心甘情愿。又比如,你在酒店里对服务员没好气地说:"喂,快给我拿壶水。"服务员可能会说:"好的。"却迟迟不见行动,因为对方面对你这样没有礼貌又只会施加命令的客人,是不愿理睬的。

在公司里,这样的情形也时常发生。经常看到老板训斥下属:"怎么搞的,过了这么长时间还没制订出计划,期限就要到了,你是怎么干活的!"下属嘴上不断地说着"知道了,知道了",但转身之后就什么都忘记了,连一点儿动静也没有。

嘴上答应了却不行动的人,必有他自己的某些原因。但主要的一点是,人们都讨厌被人指使,被动地接受命令。试想一下,如果你本来准备去干一件事,但这个时候突然冒出来一个人,用命令的语气指使你,做事的激情必然会烟消云散。

一般而言，想要矫正因不满而产生的反抗态度，应该采用间接的说服方式。但如果直接采取施压、下命令的方式，反而容易引起对方的反感，激起更强烈的反抗。没有人喜欢被迫或者遵照命令行事，如果想与他人合作，就要征询对方的意见及想法，让他觉得与你合作是遵从自己的意愿，而不是受人威逼利诱或接受命令。

渴望得到尊重、认同，是人们的普遍心理。没有人喜欢出卖劳动力的感觉，也没有人喜欢被指使着做事，人们更喜欢那种出于自愿或按照自己的意志行事的感觉。为了实现与他人的良性沟通，请记住这一要诀——用提问的方式来代替命令，避免伤害对方的自尊心。

务必重视对方的兴趣

有一次，美国大思想家爱默生和儿子想把牛牵进棚里，两人用尽了力气，始终没有成功。这时，女佣走过来。她拿起一些草喂牛，然后引导它顺利进了牛棚，两个大男人站在一旁惊得目瞪口呆。

人们常常说"人心叵测""世事难料"，如果重视对方的兴趣，善于投其所好，往往能收到"事半功倍"的效果。在建立良好关系的过程中，如果双方兴趣一致，就很容易产生共鸣，迅速消除彼此的隔阂。

推销员准备拜访一家企业的老板，但是想见到对方是一件困难的事情，如果一开始就引起对方的反感，那就注定要失败了。一个偶然的机会，推销员看到附近杂货店的伙计从老板公馆的小门里走出来，于是急忙走上前主动问候。

随后，两个人很快攀谈起来。推销员从伙计那里得知老板的衣服是哪一家洗衣店洗的，并很快找到了那家店铺。于是，他很快确定了西装的布料、颜色、式样等重要信息。更难得的是，店主还主动提到了老板的领带、皮鞋，以及谈吐与嗜好。这些信息太重要了，推销员牢记在心。

不久，推销员终于找到一个合适的机会，与这位老板展开了深入沟通。由于他掌握了对方的有效信息，所以沟通起来非常顺畅，很快赢得了老板的信任和赏识。而这一结果离不开推销员重视对方的兴趣，并投其所好的策略。

大千世界，芸芸众生，每个人都有自己的爱好。交朋友的时候，主动了解对方的兴趣爱好，能早日真心换真情；恋爱的时候，知道对方的偏好，才能有的放矢，抱得美人归；求人办事的时候，知道对方的喜好，才能把力气用在刀刃上，一击成功。

借助他人的特殊兴趣建立信任关系，必须提前做好功课。显然，单单说一句很感兴趣的话是不够的，在对方的询问下，这无法掩饰你缺乏真正兴趣的事实，反而弄巧成拙。在此，提出如下建议：第一，找出对方感兴趣的事物；第二，应预先获得若干知识；第三，恰到好处地表达出你对那件事物的兴趣。

处理各种事务的时候，重视对方的兴趣，并做到投其所好，是一种高明的办事技巧。在人际交往中，了解对方的兴趣本身就是一种示好，有助于建立互信与合作关系。这满足了对方特定的心理诉求，符合普遍的人性原则。

在《影响人类的行为》一书中，奥佛史屈教授说："不论是商业界、家庭中，还是学校里、政坛上，最好的一个忠告是——首先，激发对方的急切欲望。能够做到这一点的人，就可以掌握世界，否则将会孤独一生。"

"激发对方的急切欲望"，说到底就是把握对方的兴趣所在，或者制造兴奋点。为此，要做好下面两件事：

（1）准确判断对方的心理期待和利益诉求是什么。欧文梅说："一个能从别人的观点来看事情，能了解别人心灵活动的人，永远不必为自己的前途担心。"因此，准确把握了对方的需求，你就能轻易影响别人的思想和判断。

（2）培养与对方一样的爱好或兴趣，从而深刻理解对方需要什么。猜测总会有失误的时候，最有效的方法是加入对方的喜好中去，真正体会其中的玄机，从而积极主动地掌控局面。

满足别人的需求从而实现自己的愿望，是人际交往的重要准则。但是，生活中能够做到这一点的人少之又少。一个人的兴趣所在，暴露了他大部分的个性、习惯，以及价值追求。能够以兴趣点为突破口，通过投其所好顺利达成目标，是建立信任、发展关系的有效手段。

守住人生的低处，才是高人

世事人情最难捉摸，也最难把握。放低姿态，在低调中修炼自己，并且寻求机会，在不显山、不露水之中成就宏图伟业；在无人关注的情况下，一飞冲天，一鸣惊人，不骄不狂，豁达从容。这才是成事的大道。

| 人生底层逻辑 |

大自然里，有的动物为了免受敌人的伤害，会隐藏自己，比如变色龙。有的动物为了更好地进攻，不打草惊蛇，也在外表上隐藏自己，与周围环境融为一体，比如鳄鱼潜伏在水中，看起来就像一块烂木头。它们让自己处于暗处，是一种生存的需要。生活在世上的人们，显然也要守在低处，才能在隐蔽中养精蓄锐，从而实现胜人一等的突变。

"地低成海，人低成王。"守在人生的低处，是一种清静内敛，是做事应有的稳重姿态。通往成功的路上布满了陷阱，如果一定要加入熙熙攘攘的人群，那就主动委身低处，放低姿态。如果锋芒毕露，出言不逊，往往很难有善终。

东汉名将张奂，多次立下战功，声名与日俱增。建宁二年（公元169年）四月，张奂借出现大风雨雹等灾情，给汉灵帝上书，提出为窦武、陈蕃申冤，要求给他们及其家属平反。这件事没有成功，却引起宦官的怨恨，后来张奂被调任到地方为官。

不久，张奂又与尚书刘猛、刁韪、韦良等人一起写奏章，向朝廷推荐王畅、李膺出任三公，结果又遭到宦官曹节等人的反对。最后，汉灵帝下诏对张奂等人进行斥责。

有一个大臣名叫王寓，宦官出身，担任司隶校尉一职。他想高升一步，因此让大臣们举荐他，大家畏惧他的背景，纷纷响应，只有张奂断然拒绝了他的请求。王寓勃然大怒，于是诬陷张奂结党营私。就这样，张奂被彻底革职，回家养老去了。

多年以后，张奂即将撒手人寰，他这样总结自己的一生："我仕途坎坷，十次做官，都是因为不能和光同尘，才被邪佞所忌。一个人太过认真，未必是好事，连自己都保护不了，还谈什么建功立业呢？"

聪明人善于相时而动，趋利避祸，这样才不至于被人算计，遗恨终生。很多时候，自己明明有才能、有见地、有抱负，但是一定不可过分张扬，要保持低调。不夸夸其谈，不自以为是，以求教的姿态、商量的口吻说话办事，总会有意外的收获。

生活中很多人才华横溢、理想远大，因而经常锋芒毕露，不自觉地抬高自己，结果吃了不少亏。为了避免枪打出头鸟，展示出愚钝的样子，这不但是生存的需要，也是成事应有的姿态。

（1）在姿态上要低调

低调是一种进可攻、退可守，看似平淡，实则高深的处事谋略。虽然你很厉害，但是要在姿态上放低自己，懂得谦卑做人、低头做事。大智若愚，实乃养晦之术。表面上甘为愚钝、甘当弱者，实际上是精明的做法。

（2）在心态上要低调

做人不要恃才傲物，当你取得成绩时，要感谢他人、与人分享，让身边的人吃下一颗定心丸。如果太把自己当回事，会产生自满心理。心高气傲的人无法积累好人缘，也不会赢得善意。心态上放低自我，自然会带来友善的人际关系。

低调处世是一种人生哲学，也是弱势图强、险中求进的做事策略，更是赢得人生、成就事业的低调姿态。低头的同时，却在暗中前进；处于弱势，却并非真弱，只是为了减少阻力，避开障碍。这不失为一种睿智的成事之道。

| 第 02 章 |

◆

处世逻辑

处理好事情要讲"情、理、法"

一个人在事业上取得成功，80%取决于与人相处的能力，20%来自自己的心灵。如果你具备了非凡的处世能力，能够积累广泛的人脉资源，并善于处理各种关系，那么做事就会游刃有余，人生也会风生水起。

人生最要紧的是人情

在这个世界上，到处都是有才华的"穷人"。他们才高八斗、学富五车，甚至有着上天入地的本领，但为何最后落得穷困潦倒、一事无成的下场呢？而许多看似没有什么才华的人却功成名就、春风得意？为什么人生竟会如此不同？

很大一部分原因是人情世故。在某种程度上，是否懂得人情世故，决定一个人的一生是优秀，还是平庸。出色掌控各种关系，说到底就是懂得妥善处理各种人情世故。

晚清红顶商人胡雪岩之所以功成名就，就在于他懂人情、明事理。当年，王有龄身无分文，胡雪岩冒着被解雇的危险慷慨解囊，结交了这个"穷"朋友；日后，王有龄科考登第，步入官场，胡雪岩迎来的是千金难求的"贵人"。这就是"人情投资"的典型例证。

中国人强调妥善处理人与自然、人与人的关系，在重视自然的同时也把人际关系看得很重。从某种意义上说，"活着就是为了生活"，而在生活中，中国人非常看重"人情"。

人本来就是有感情的，在人与人之间建立一种合乎人心的伦理秩序，这本身就是为了让生活充满乐趣。如果没有人情，你的生活会很枯燥乏味，也就是我们常说的"没有人情味儿"。如果少了人情味儿，那么人与动物就没有区别了。

生活中，你如果想心想事成、水到渠成，必须有一些能使自己成才、成器或成事的路子，包括生存的路子、发财的路子、升职的路子或者成就某一事业的路子。通常，这些路子不是靠自己单枪匹马硬闯出来的，必须借助他人指引、帮助才能找到方向，踏上征程。从某种意义上说，这些路子都是别人给的，或者是别人帮助开拓的。

那么，天下之大，人事之繁，别人为什么要给你路子？为什么乐意帮你开拓路子？概括为一点，那就是人情使然。有了人情，便有了路子。比如，"和气生财"就是把利益的获取建立在人情基础上。显然，处理不好人情关系，不能让对方顺心、满意，求人办事就是痴人说梦。

研究中国人的传统文化，提升自己的情商，不能忽视人情社会背景下的心理习惯、文化特色。当然，中国人重视人情也是有原则的，绝非把人情作为先决条件，超越一切利害关系。

事实上，人情最重要的就是合理。不侵害他人的利益，不超越法律的约束，不背离人伦的底线，在此基础上做出符合人之常情的事，都是有人情味儿的体现。

一方面，讲究人情关系符合人们的一般心理习惯，可以令人感受到关切、温暖和礼仪，说话办事的时候更容易得到大家的共鸣，产生强大的凝聚力。

另一方面，讲究合理的人情关系，坚持底线，有助于在处理好人情的基础上办好事情。古今中外，成大事的人都遵循这样的办事准则。

无论在工作、学习，还是生活中，一定要懂人情、知世故。否则，从一开始就注定了没有成功的可能，这样折腾下去也只是白白浪费精力。而一个谙熟人情世故的人，哪怕刚开始能力差一些，假以时日仍然能迎来命运的转机。

真正的聪明人做事恰到好处、滴水不漏，不仅收获了实利，也落下了美名；而有的人刀子嘴豆腐心，虽然经常帮忙，却没有好人缘，这都是不懂人情的缘故。

把握情、理、法的办事序列

在中国传统社会里，"情""理""法"构成了处理彼此关系的基本原则。长期以来，"人情"被放在重要的位置上，对人际关系产生微妙的影响，也左右着人们办事的逻辑。受此影响，过去中国人习惯在人情的基础上谈论"道理""法规"。

现代社会中，人们按照"法""理""情"的顺序处理关系，与传统原则正好颠倒过来，反映了人们对"法律"的重视。现代人强调"法"，推动了社会秩序、商业规则的确立，是一种进步。

不过，在中国文化背景下，处理好关系不能忽视"情"和"理"的价值。比如，某著名企业家就和大家约法三章：第一次犯错误，讲得出道理，不会惩罚；第二次犯错，没有说得过去的理由，就要接受处罚。

仔细分析可以发现，其背后的逻辑是：第一次犯错，有道理就不处罚，这其实是一种人情；经常无理由犯错，就要接受处罚，这是法，是一种惩戒。这样做更合乎人情、法度，因此也是合理的。

第02章
处世逻辑 | 处理好事情要讲"情、理、法"

（1）"法"是基础，人人都要遵守

历史上，刘邦带领起义队伍进入咸阳后，不少将士忙于掠取财物。当时，张良、樊哙建议刘邦把军队撤出咸阳，还军霸上，并约法三章：第一条，杀人者偿命；第二条，伤人者根据轻重程度，处以抵罪的肉刑；第三条，偷盗者处以抵罪的牢刑与赔偿。刘邦采纳了这一建议，很快稳定了社会秩序，并赢得了百姓的拥护。约法三章的故事，显示了刘邦不仅是打天下的能手，同时也是治天下的英才。

在"情、理、法"三者之间，"法"是基础。任何组织，任何个人，都应该以"法度""制度化"为做事的起点。在各种关系中，任何团队成员都要遵守法纪，按照基本的行为规范做事，不能有越轨行为。

（2）"理"是认同，帮助人们达成心理共识

法度、制度都是由人创立的，应该随着时间、人事而变动。如果制度始终不变，不能因时、因事变化，那么就会僵化，出现办事效率低下等局面。为此，必须追求合理的原则。

所谓"合理"，就是合乎人们的价值认同。刚开始的时候，约定的办事原则、制度规范是合理的，适应了当时的情势。随着时间的推移，社会环境发生了变化，各种理念、规则就应该顺势而变，这样才能让大家认同、接受。

（3）"情"是人心，可以赢得理解和支持

做事不能离开"人情"。各种行动规范、办事原则，不但要合理，还要合乎人情，能够激发大家的工作热情和潜能。如果各种规范在制度上是完备的，而在实践中束缚了手脚，和人性发生了冲突，造成了矛盾，那么就应该反思、求变。

在处理各种关系的过程中，懂得底层逻辑的人善于把握人心，做事总能合乎人情。这样处理复杂局面、应对各种难题时才会游刃有余，从而令各方满意。人心所向，你自然得到众人的支持。

中国人是讲"情"的民族，并且推崇合理、合法的人情，而不是为人诟病的庸俗关系。在处理各种关系的时候，务必要在"理""法"的基础上讲究"情"。做到这一点，既能实现邻里相望、守望相助，又能不违原则、不失立场。

藏起精明，做一个笨人

一个人精明是好事，因为聪明人知道如何少犯错误，处事中善解人意。但是，精明过了头就会夜郎自大，陷入"聪明反被聪明误"的牢笼。

聪明是一笔财富，关键在于怎么使用。真正聪明的人不在人前卖弄，不要小聪明，他们收起锋芒，表现出貌似浑厚的样子，不让身边的人眼红。有智慧的人知道，卖弄聪明必将招致祸患，所以他们藏锋露拙，让人亲近。敢于做一个笨人，是目光远大的表现。比如，真正精明的商人从不贪图眼前的蝇头小利，甚至会主动让利，吸引合作伙伴，获得丰厚、长远的利益。而对政治人物来说，守拙是高超的统御之道。

历史上，宋太宗善于体察大臣心理，能够容忍他们的一些过失，表现出了气度恢宏的一面，把国家治理得井井有条。

有一个大臣叫孔守正，被封为殿前虞候。有一次，孔守正和另一位大臣王荣陪皇上吃饭。酒菜非常棒，两个大臣就多喝了一些，最后竟然喝醉了。结果，他们当着宋太宗的面争执起来，违背了君臣的礼仪。

臣子失仪，这种行为是"大不敬"，按照法律要被治罪，但是宋太宗在酒席上没有这么做。到了第二天，孔守正和王荣清醒过来，听手下说起自己在皇帝面前的失礼行为，吓得出了一身冷汗。

两个人一起面见宋太宗，当面请罪。本以为皇帝会严惩不贷，结果宋太宗只是若无其事地说："朕当时也喝多了，许多事情根本记不起来了，你们不用在这里打扰朕了。"就这样，这位英明的皇帝"糊里糊涂"地化解了一场君臣之间的危机。

在下属面前，领导人必须保证足够的威严。对皇帝来说，更是如此，这是皇家权威不容挑衅的保证。但是，宋太宗装作愚笨的样子，免除大臣的过失，丝毫不影响自己的威信，反而让臣子更加钦敬。大智若愚的本事，大概就是这个样子了。

从老子开始，中国人就深悟了"大智若愚"的道理，越是聪明，表现得越是愚笨，从而在别人的轻视和疏忽中经营自己的天地。这样做，避免了招来外界的妒忌、非议，甚至能避免因为聪明而丧生。

没有人喜欢聪明过头的人和喜欢卖弄的人。对那些愚笨的人，人们有一种天然的亲近感，反而喜欢与之交往。当别人都追求聪明的时候，你表现出愚钝的一面，就很容易亲近他人，满足对方的心理诉求。这种反其道而行之的做法，其实是一种大智慧。

真正的聪明不需要卖弄，时间会证明一切，"金子总是要发光的"。学会收敛锋芒、韬光养晦，才能在与人共事时留下较大的回旋余地，这是一种必要的自我保护，也是让旁人敬佩的一种成事之法。

提升对方的权威度能赢得好感

经验表明，给他人授予权威，便会让对方产生一种服从感。事实上，你的行动满足了对方受尊重、自我价值实现的需求，而后便会得到对方的回馈，即在心理上认同你，甚至接受你的影响。

想要达成预期目标，不妨给对方增加一点自尊心，让他们体会到居高临下的感觉，而后一切都会水到渠成。无论是与人交往，还是想进一步影响他人，都需要给予对方应有的尊重、认同，包括提升其权威度。这种心理层面的满足感，会极大地拉近你与对方的距离。

汤姆在纽约的家几乎处于这座城市的地理中心点上，从家步行一分钟，便能走到一片森林。空闲的时候，他经常带着自家的小狗雷斯来这里散步。它是一头小波士顿斗牛犬，非常听话，从来不伤害人。因为公园里的人很少，所以汤姆从来不给它系上狗链或戴上口罩。

有一天，汤姆正在和雷斯嬉戏玩耍，一位骑着马的警察将他拦下来。警察迫不及待地要表现自己的权威："你为什么让狗跑来跑去，还没有给它戴上口罩，甚至连狗链也没有拴。"警察说话的语气非常严厉，汤姆似乎感受到了对方胸腔里的怒火。

"是的，我的确认为这样做不妥，但是我的小狗并不会咬人。"汤姆回答道。

"你这样做是违法的，你知道吗？法律可不管你是怎么认为的。据我观察，你的狗是一条猎犬。它可能在这里咬死松鼠，咬伤小孩子。这

第02章
处世逻辑 | 处理好事情要讲"情、理、法"

次我不追究,但假如下次看到它还没系上狗链或是戴上口罩,你就去跟法官解释吧。"

汤姆连连点头,应声答应一定照办。可是雷斯并不喜欢戴口罩,喜欢自由自在地玩耍。因此,他决定碰碰运气,把警察的话抛诸脑后,继续带着雷斯在公园里玩耍。但过了没几天,他又碰到了一位警察。

看到警察走过来,汤姆决定先发制人:"警察先生,真不好意思,你当场逮到我了。我有罪,我认罚,没有任何托词。上个星期就有警察提醒过我,如果再带小狗出来而不戴口罩,就要接受惩罚。"

警察听到这里,一下子愣住了:"好说,好说,我知道在没有人的时候,谁都会带一条可爱的小狗出来玩耍。我能够理解你的心情。"

"是的,但我这样做违反了法律。"

"像这样的小狗大概没有威胁性吧。"警察开始主动为汤姆开脱。

"不,它可能咬死松鼠。"汤姆强调潜在的危险性。

"你可能把事情想得太严重了,这样吧,现在你带着小狗跑到另一个地方去,我就当什么都没看见,什么都没发生,这件事就这么算了。"

于是,汤姆带着自己的小狗又躲过了一劫。这件事处理得这么圆满,其实并不难理解。那位警察也是人,他想要的就是作为一名重要人物的感觉。当汤姆主动示弱,表现得楚楚可怜时,警察的权威感便油然而生,所以并没有提出过分的要求。

当你站在对方的立场说话时,对方也会考虑你的诉求,所以适当的恭维和奉承也就必不可少了。为什么有的人能让一件棘手的事情在和谐的氛围中处理妥当?因为他们懂得让对方获得心理满足,在沟通中获取了被承认的权威感。

为此，不和对方发生正面交锋才是明智之举。比如，有时候要承认对方说的话没错，错的是自己，并且要爽快、坦白地承认这一点。而当你确实犯错时，更要主动、提早认错，在提升对方权威度的同时减轻其怒气，这样才能变被动为主动。

与那些爱找碴、喜欢挑刺的人打交道，当自己的处境不利时，也要学会马上示弱，满足对方保持强势心理的需求，把对方要责备自己的话先说出来，令其无话可说，甚至为你开脱。这些都是通过提升他人权威度、进而影响其行为的有效方法。

用心去认可，不要吝惜溢美之词。提升对方的权威度能够满足其特定心理，接下来你再提出自己的要求，对方往往会放弃计较，按照你的意愿行事。

永远不要忽视"小人物"

与人打交道的时候，人们常常会无意识地以身份、地位、职业来衡量对方。区分对象是必要的，但是别人现在身居高位、锦衣玉食，就小心伺候着，别人现在是个潦倒的小人物就忽视、轻视、鄙视之，这种为人处事的方法并不高明。

聪明人处理对外关系的时候，能够秉承平等、友善的原则，把每个人都变成自己的朋友，从而在关键时刻赢得合作与发展机会。在他们看来，永远不要忽视"小人物"的力量，而应把他们看作你潜在的助手。

第02章

处世逻辑 | 处理好事情要讲"情、理、法"

赖淑惠是中国台北"身心灵成长协会"的创办人。当年,她住在一个大厦里,同时兼营这座楼的房产中介。每次出入大厦的门口时,赖淑惠都会非常礼貌且诚恳地和大门的管理员打招呼;有时候,管理员主动开门,她还会开心地说声"谢谢",并点头微笑。

通过仔细观察,赖淑惠发现了一个有趣的现象:凡是对大厦有兴趣的买家,总是第一个先询问这位大门管理员。比如,"最近有没有住户要卖房子啊?价钱是多少?"于是,除了像往日那样热情地与值班的管理员打招呼,她还主动结交对方。比如,每次出差时顺道带回当地名产,然后送给这名管理员,表达关爱之情。

"投之以桃,报之以李。"管理员也开始把赖淑惠当作真心朋友。后来,每当有人询问房子的情况,他都会说:"你去问住在八楼的赖小姐,她经营这栋楼的房产中介,服务水平很高。"结果,楼里有谁急着卖房子换钱,赖淑惠总是第一个得到消息。就这样,她在这座大厦的物业方面赚了近1000万元。

与身边无处不在的"小人物"打交道,只需态度友善、勤加问候。比如,见面的时候主动打招呼,得到帮助的时候说一声"谢谢"。但是,这么简单的事情并非每个人都能做到。在许多人眼里,这是无足轻重的小事,可有可无。殊不知,细节决定成败,在细小之处给对方留下好印象、建立信任关系,才能在日后主动把握机遇,迎来改变命运的那一刻。

成大事的人尊重身边每一个人,利用一切机会结交朋友。他们拥有平和的心态,对外界报以友善的态度,像大海一样包容万物。不要轻视"小人物",把眼光放长远,对事情看得透彻,自然容易得道多助。

有的人轻视"小人物",甚至在他们面前颐指气使,这不仅暴露了自己修养不足的一面,也难免在日后招致不必要的麻烦。《伊索寓言》里说:"不要瞧不起任何人,因为谁都不会懦弱到连自己受了侮辱也不想着反击的。"因为忽视"小人物",在关键时刻吃亏,这样的情形屡见不鲜。

能够以公正、平和的心态对待身边的每个人、每件事,能够在细微之处严格要求自己,把事情做到位,这是君子应有的美德。正是因为超越了常人,能够把平等待人的理念贯彻始终,他们才具备了做大事的能力,才能把握机遇、抓住机会,成就非凡的人生。

对他人的信任要留有余地

"千金易得,好友难求。"每个人都需要朋友,有几个好朋友是一种幸福,也是一种快乐。另外,好朋友多了,得到的益处自然多,正所谓"朋友多了路好走"。

朋友之间彼此信任、相互扶持,是人之常情,也有助于你处理好各种事务。但是,社会复杂多变,虽然大多数人能够坚守做人的底线和办事的逻辑,也难免有人心怀叵测,为了利益丧失原则,甚至出卖你。

赵刚与李斌是高中同学,多年来关系一直很好。大学毕业后,赵刚自筹资金开了一家计算机销售公司。不久,李斌受邀加入。

赵刚对李斌很信任,所以把他调到了销售部,后来干脆让其负责销售部的全部事宜。李斌直接面对客户,经常到上游厂家提货,逐渐掌握了全部业务关系。

不久，李斌就利用公司的关系网私自销售电脑。世上没有不透风的墙，赵刚知道了这件事，一气之下把李斌辞退了。

过了半年，李斌又来求赵刚，说自己想开办一家计算机销售公司，无奈资金不足，问能不能从公司拿点货卖，卖出去以后再给钱。虽然对以前的事还耿耿于怀，但是赵刚看在老同学的份上，心一软就答应了。

当时，电脑厂商有一个政策，如果地区总代理的年销售额低于某个数，厂家就会选择新的销售商。于是，李斌采取恶性竞争的方法，使得赵刚的电脑销售额降到了历史最低点。最后，赵刚失去了总代理的资格。

至此，赵刚如梦初醒。这次教训让他明白：即便是再好的朋友也可能变质，会在你不注意的时候下套，令人防不胜防。

平时接触的人形形色色、贤愚不等，我们难免会看错人。因此，与人交往要有防范意识，把双方关系放在一个合适的位置上。如果只讲义气，失去了警惕心，就会给对方可乘之机，遭受被欺骗、被出卖的痛苦。

（1）与朋友保持距离

对朋友了解得越多，信任也越多。但是，信任始终有一个底线，这对维护友谊和彼此利益都有好处。君子之交淡如水，如果牵扯太多利益，并且无原则地信任对方，对双方关系反而没有帮助。

（2）利益处理得当

利益的诱惑像女巫鲜艳可人的苹果，让人禁不住想上前咬上一口。在各种情势下，再好的朋友也有可能禁不住利益的诱惑，做出不恰当的行为。因此，将利益和友情尽量分开，处理双方利益关系时做到完全透明化，才容易让友谊长存，不发生利益冲突。

真正的朋友是可以经得起考验的，但是生活中这样的朋友并不是处处有、人人是。一旦双方产生利益冲突，曾经坚持的信念很容易被放弃，而此时被抛弃的往往是昔日的友谊。处理好与朋友的利益关系，确实需要极高的智慧。

| 第 03 章 |

◆

生存逻辑

当你足够强大，世界才会对你和颜悦色

在大自然里，弱肉强食是公认的丛林法则。在人类社会中，血酬定律是放之四海皆准的道理。心慈手软，对欲成大事者来说，永远是致命的弱点，是那些失败者功亏一篑的重要原因。请牢记，社会运转的潜规则是适者生存。

敬畏强者是人的生存天性

在大自然里,弱肉强食是公认的丛林法则。猎豹为了生存,捕杀野鹿,没有道理可讲。在人类社会中,血酬定律是放之四海皆准的真理。为了生存,为了理想,人们争取自己的利益,在前进的道路上与他人公平竞争,如果成为弱势一方势必陷入被动局面。

每个人的成长都趋向于变得强大、卓越、完美。强者拥有更加强大的能力,掌握着过人的本领和技术,拥有常人无法享有的资源。在各个领域,人们对强者会不自觉地产生敬佩、敬畏心理。

李小龙,华人世界的英雄。从香港到美国,他饱尝了受人欺侮的滋味,却始终告诉自己:"我是一个中国人!我要替中国武术争一口气!"

到了美国以后,李小龙在原有的基础上深入研习武术。他不断突破自我,并敢于挑战高手,慢慢积累了个人声望。随着影响力日增,世人不敢小觑这个黄皮肤的华人了,也对这位武学天才心生敬畏。

后来,李小龙在好莱坞浮沉数载,一举开创了带有革命性质的功夫影片,让全世界为之叹服。由此,中华武术的影响力遍布世界各地,慕名而来者络绎不绝。

直到今天,李小龙引发的全球功夫狂热仍然没有消退,它已经成为中国文化输出的一个重要组成部分。这个武术天才没有权势、财富,他凭借不服输、争上游的硬气,赢得了世人的尊敬,成为华人世界的标志性符号。

第03章

生存逻辑 | 当你足够强大，世界才会对你和颜悦色

如果你想有所作为，必须有一身硬骨头，敢于做一个强者。软骨头的人不但站不起来，也得不到别人的尊重，更无法办成事、做出一番事业。在人生舞台上，不可能百分百顺心顺意，最重要的是你以怎样的心态面对一切，并为此努力拼搏。

想干成点事情必须能吃苦，敢拼搏，这在很大程度上需要你有一颗追求卓越的心。少年时的李嘉诚在茶楼当跑堂，结束一天的工作后，其他人都去睡觉了，他还挑灯夜读。谈到自己年轻时刻苦的劲头，李嘉诚说："其实年轻时我很骄傲，因为我知道，我跟他们不一样！"正是这份与众不同的志向与执着，让这个渴望成功的年轻人变得日渐强大，拥有了别样的人生。

（1）永远做一个有雄心的人

做事离不开做人，做事的本领高低取决于一个人雄心的大小。有雄心的人对自己提出更高的目标和要求，比常人更努力，因此逐渐具备了更大的才干。

研究创造行为的心理学家将雄心看作是一种最有创造力的兴奋剂，他们相信雄心在本质上就是充满活力的品质。有雄心的人视野宏大，不拘泥于眼前的得失，严格要求自己，并彻底执行定下的计划。

（2）勇于战胜人性的弱点

人们总是被各种诱惑包裹着，时刻受到方方面面的影响。遇到困难的时候，人容易退缩；发现新的机会，人容易走神；而蝇头小利，容易使人耍小聪明，做出愚蠢的事情。归根结底，这都是人性的弱点干扰了自己。

因此，敢于正视自己的缺陷和弱点，并努力改进的人，会在提升自

控力、执行力的同时打开局面,逐步推进远大目标的实现。强者能够战胜自己,是因为他们克服了人性的弱点,在关键时刻做出了正确的选择。

(3)面对竞争,没有道理可讲

今天,无论身处哪个行业,在人生的哪个阶段,都要面对残酷的竞争。为了实现心中所愿,你必须面对各种复杂局面,接受各种考验,而且付出不一定有回报。准备放弃的时候,强者会坚持继续战斗,熬过眼前艰难的时刻。

奋斗,绝对是一次对身心的严峻考验。面对艰难困苦,你要牢记一句话:面对竞争,没有退路可言。坚持下去,一定会迎来胜利的曙光。

真实的人生逆流成河

英国作家哈代说过:"人生里有价值的事,并不是人生的美丽,而是人生的酸苦。"这是在告诫我们,贫困、苦难可以使人坚强,让人成熟。面对生活的压力不必过分计较,承受这份磨难并勇敢面对,终究会迎来柳暗花明,正所谓"未曾清贫难成人,不经挫折永天真"。

对年轻人来说,经受生活的压力是一种磨炼。否则,一个人顺风顺水,受不得一点儿委屈,会像温室的花朵一样丧失生命力,也会失去奋进的驱动力,自然无法干出一番事业。

巨大的成功,靠的不是力量而是韧性,竞争常常是持久力的竞争。而那些有本事的人,往往是在巨大压力的裹挟下坚持到最后的人。

桑德斯一手创建了肯德基,但是有谁知道,他当年退役时已经65岁,而且身无分文。拿到少得可怜的救济金时,他内心十分沮丧,巨大的生活压力逼迫着他必须找到赚钱的路子。当时,他没有抱怨,而是选择积极应对人生的逆旅。

后来,桑德斯研究家传的炸鸡秘方,并大胆设想:"如果顾客都喜欢吃用秘方炸制的鸡块,那么餐馆的生意一定会火爆。到时候,我可以和其他餐馆达成合作协议,从中抽取利润。"有了这个想法,他便登门推销自己的炸鸡秘方。

创业之路注定充满了艰辛,他的提议遭到了很多人的嘲笑。不过压力并没有击垮这位年迈的老人,他坚信自己一定能找到一家愿意买下秘方的餐馆。随后,他狠下心总结经验,优化推销言辞,让自己的商业计划更有诱惑性和说服力。

桑德斯坚持了整整两年,几乎走遍了全美。当他的商业计划最终被人接纳时,这位不屈不挠的老人已经被拒绝了1009次!压力和逆境让桑德斯不断自省,也促进了炸鸡技术的改进,最后他成了"肯德基之父"。

人的一生中会遇到各种各样的苦难,最倒霉的事情也不止一件。换个角度看,这些苦难也是一种财富。火石不经过摩擦不会迸发出火花,人若不遭遇苦难,生命之火就不会如此灿烂。

研究表明,很多行业精英都有过坎坷的经历,饱尝了人间疾苦,甚至面对过生死的考验。他们能够有后来的成就,源于他们在很多时候都选择破釜沉舟,放手一搏。因为没有退路,缺乏更好的选择,所以他们横下一条心,在残酷的现实世界里撕开一个出口,并义无反顾地走下去,最后竟然获得出人意料的胜利。

一位成功的企业家说："对所有创业者来说，永远告诉自己一句话：从创业的第一天起，你每天要面对的是困难和失败，而不是成功。我最困难的时候还没有到，但有一天一定会到。多年创业的经验告诉我，任何困难都必须自己去面对。"

人生逆流成河，这漫长的一生要遭遇数不清的逆境——成绩退步、考试落榜、工作不保、家庭不和、亲人离世、疾病上身……关键是，无论遇到什么坎坷，我们都要坚定信念，所有的不幸都可以是你成长和成熟的契机。

"天将降大任于斯人也，必先苦其心志，劳其筋骨，饿其体肤，空乏其身，行拂乱其所为，所以动心忍性，增益其所不能。"如果想有一番作为，同样会经历困难与挫折的洗礼。面对挫折和打击，如逆水行舟，不进则退，一旦"心生退意"就会立即溃不成军。那些迎接最后胜利的人都有一颗强大的内心。

人生没有第二次选择

古希腊哲学家赫拉克利特说过："一个人不能两次踏入同一条河流。"当我们做出一种选择的时候，就意味着放弃另一种可能。因此，凡事在抉择前要深思熟虑。而一旦做出决定，就要勇敢面对和承受，不必为某些遗憾耿耿于怀。

有的人苛求完美，结果总是纠结于一时的挫折、纰漏，搞得心情一团糟。他们甚至怀疑当初的选择，并为此懊恼、愤懑，乃至陷入深深的

第03章
生存逻辑｜当你足够强大，世界才会对你和颜悦色

自责。既然做出了选择，就坦然面对。无论结果如何，首先学会欣然接受，相信当下的一切就是最好的安排。

另一位著名的哲学家苏格拉底说过："无论你的选择是对是错，生命都不会给你第二次选择的机会。"有一次，几个学生请教关于人生真谛的问题。苏格拉底没有马上回答，而是把大家带到一片果林中。

同学们站在果树下，树上挂满了丰硕的果实。接着，苏格拉底微笑着说："你们各自沿着一行果树，从这头走到那头，每人摘一枚最大、最好的果子。不许走回头路，不许做第二次选择。"

同学们不明白老师的用意，只当是一次户外实践课，然后就按照要求穿行在整片果林中。在整个采摘过程中，同学们认真选择。走到林子尽头的时候，苏格拉底已经站在那边等候。

苏格拉底问道："你们是否完成了自己的选择？"大家面面相觑，不知作何回答。接着，他问一名同学："怎么了，孩子？你对自己的选择满意吗？"

这名同学说："老师，让我再选一次吧。我走进果林后，发现了一个很大的果子；可是，我想着后面肯定会有更大的，结果没有摘。现在看来，我错了。"

接着，另外一个同学说："我和他恰恰相反，一进林子，我就摘了一个大果子，结果发现后面还有更大的。老师，让我再选一次吧！"

听到这里，苏格拉底摇摇头："孩子们，你们没有第二次选择的机会，这是游戏规则。"

苏格拉底用这样的方式告诉学生，人生就像这场游戏，它的规则就

是时间的不可逆性，人不可能对过去的事情做出第二次选择。这片果林对每个人都是公平的，都充满了未知，做出何种选择完全取决于个人意愿。而一旦决定，就无法改变。

许多人后悔自己草率地做了决定，然后心情低落、闷闷不乐。也有人庆幸自己做了正确的选择，欢欣鼓舞。不管是什么样的结果，都与你最初的选择有关。

人生没有回头路，任何时候都要勇往直前。经历后才发现自己失去了许多，但也会由此更加珍惜现在拥有的一切。光阴一去不复返，再多的后悔也换不回曾经的一瞬，倒不如坦然面对，慎重对待下一次抉择。

许多时候，人们会因为过去做错的事和选择感到遗憾和愧疚，恨不能重新来过。与其日后悔恨，不如从一开始就理性面对眼前的一切，从大局出发决定取舍，并通过彻底执行计划来实现心中所愿。

"好坏"不是唯一的标准

大多数人习惯用"好""坏"评价一个人，界定一件事。什么是好？什么是坏？显然没有统一的标准。面对同样一件事，有人说是好事，有人说是坏事。立场、利益不同，看待事物的结果会大相径庭。即便站在客观的立场上，一件事恐怕也难以用"好""坏"来区分。

物以类聚，人以群分，大家都在追求共同的目标和利益。不必纠结于某件事是"好"还是"坏"，你只要在法律允许的范围内追求自己的合法权益就可以了。而当你触犯了对方的利益，即便你想做个好人，费

第03章

生存逻辑｜当你足够强大，世界才会对你和颜悦色

尽心力地展示善意，也会被认为是别有用心。

生活中，不必在乎你是别人眼中的好人还是坏人。你只需按照既定的原则和立场行动，达成自己的目标。

有的人放弃了做事的原则，一心迎合他人，成为别人眼中的"烂好人"。结果，事情搞得一团糟，自己处处陷入被动局面。这样的人显然不会做事，难成大事。"烂好人"无论多么努力，都寸步难行。

陈冰毕业后进入一家会计师事务所任职。初进公司，她小心谨慎，总是抢着做事。平时上班，她总是早早就到了，收拾桌子，打扫办公室。不用说，帮人买咖啡、订午餐是常有的事。每逢周末需要有人值班，她总是第一个站出来，久而久之变成了值班专业户。

后来，陈冰接手的工作越来越多，她不能再像以前一样帮大家跑腿，结果抱怨接二连三地袭来。有一次，一位老员工当着大家的面对陈冰说："摆什么架子嘛？来来来，帮我把这份材料送到各个部门去。"

主管交代的事情必须马上干完，陈冰不敢懈怠，拒绝了这位老员工的要求。结果，对方变得不可理喻。陈冰正忙得焦头烂额，一气之下把这件事捅到了上司那里。最后，那位老员工挨了一顿批评。

此后，陈冰不再毫无原则地帮同事代办杂事，她学会了当"坏人"。出人意料，同事不但没有横眉冷对，反而对她十分客气了。至此，陈冰明白了一个道理，不做"烂好人"，干好分内之事才是最重要的。

"烂好人"是"不能担大任"的，他们有一个致命弱点，那就是不懂得拒绝他人，最终严重损害自己的利益。放弃"好""坏"标准，为了维护我方利益做事，才能实现预期的目标。

生活中形形色色的人和事，构成了这个丰富多彩的世界。你需要牢记一点，人无所谓好坏，大多是各自的立场使然。关键是，你要学会妥善处置各种事情，学会与不同的人打交道，包括与自己有利益冲突的人。

为何形势永远比个人能力重要

汉语中有一个词汇叫"水到渠成"，它表明事物发展都有自己的规律可循。为人处世的时候，一定要善于借助事物内在的力量因势利导，才容易获得成功。就像大禹治水一样，采用疏导的方法，按照水的走势采取措施就容易驯服它，否则就会碰壁。

世间的一切关系、力量，可以用"势"这个字来理解。人与人之间靠的是一个字而已，不是权，而是势，所以评价一个人常常说"很势利"。其实，势利这个词最初是褒义词；又说"时势造英雄"，那个"势"很厉害，形势绝对比人强，他的势在那里，你不得不服。

那么，办事的过程中如何理解这种"势"，并在生活、工作中有所作为呢？具体来说，要把握好三点：

（1）布局是行动的开始

做任何事情都要从布局开始，这是行动的原点。许多时候，打开人生局面是通过创造机会实现的，通过事先谋划来建立联系，日后才能因势利导，成功掌握事情的发展方向。

1924年，胡宗南报考黄埔军校，因为个子矮小而被辞退。后来得到廖仲恺的赏识，才被破格录用。此后，他一直谋划着个人前途，不甘心做一名普通军人。

一天拂晓，胡宗南上茅厕的时候路过操场，隐约看到两个人在跑步。从声音判断，其中一个人正是当时的黄埔军校校长蒋介石。"原来，校长有清晨起来跑步的习惯。"想到这里，胡宗南心里有了主意。

第二天黎明，胡宗南早早就起床了，悄悄来到操场上跑步。过了一会儿，蒋介石来了。看到有人抢在自己前面，蒋介石随口问了一声："谁？"胡宗南高声回答："报告校长，是一期学生胡宗南。"就这样，胡宗南天天早起跑步，每次都向蒋介石报告自己的名字。

于是，蒋介石对"胡宗南"这个人留下了深刻印象。此后，胡宗南接二连三得到蒋介石的垂青，仕途一帆风顺，成为同时代人中的佼佼者。

敢于创造机会、善于抓住机会，这是胡宗南人生发达的重要秘诀。培根说过，智者创造的机会要比他找到的机会多。懂得布局的人不安于现状，他们积极制造机会、主动创造机遇，因此能够办大事、成大事。

（2）造势是博弈的策略

何谓"势"？《孙子兵法》上说："激水之疾，至于漂石者，势也。"湍急的流水飞快地奔流，以致能冲走巨石，这就是"势"的力量。在行动过程中，布局之后就是要去造势。一旦"势"出来了，就没有人能够阻挡。"形势比人强"，说的就是这个道理。

在《三国演义》中，诸葛亮特别擅长造势、借势、用势。比如，刘备赴江东招亲时，赵云让荆州随行兵士都穿上喜庆的衣服，这就是诸葛亮在造势，目的是制造一种热热闹闹办喜事的舆论声势，给孙权施加压力。

结果，这一行动惊动了东吴的乔国老和吴国太，孙权和周瑜的假戏不得不真唱下去，没有办法停下来。最后，刘备得了孙夫人，又保住了荆州，取得了一箭双雕的效果。

做事的时候，要主动制造一种朝既定目标发展的情势，一旦事情发展到那一步，那么你就成为局势的掌控者，牵着各方的牛鼻子，在关键时刻顺势而为，从而实现自己的目标。迎接胜利时刻的到来，不是傻傻等待，而是主动造势，并为此埋头苦干。

（3）照顾各方关切的利益

有开始就有结束，事情到了最后总会有一个结局。这个结局要让各方不争执，大家都能接受某一个结果，这就是最后的"摆平"。显然，能摆平各个关键人物，你就是能办大事的人。

如果出现这样一种情况，你得利了，而大家最后吃亏了，势必引起众人的强烈反抗，这样问题就大了。无论处理什么事情，最后一定要能摆平，让大家接受统一的结果，最后满意地散去。

会办事的人懂得处置好各方利益，求得圆满和谐的结果。因为无论如何计较、争斗，最后大家要面子上过得去，能够认可你的方案。一旦你具备了这种摆平复杂关系的办事能力，那就能得到重用、心想事成。

《易经》上说："潜龙勿用，见龙在田，飞龙在天，亢龙有悔。"意思是，一个人势力弱小、能力不足时，要懂得保护自己，不要承担重大责任；有一定能力的时候，才能出来做点事；个人能力、声望达到顶点时，才能做大事；一个人的高峰过去以后，要懂得反省、退让。显然，积极创造有利的态势，并懂得顺势而为，才容易办成大事。

第03章
生存逻辑 | 当你足够强大，世界才会对你和颜悦色

一味软弱退让未必有好结果

处世要懂得忍让、谦和，但是做事必须行动果敢、坚定执行。尤其是在效率至上的今天，一个人做事优柔寡断、软弱退让，往往代表着怯懦、无能，注定无法在社会立足。在激烈的竞争中，放弃尝试和努力就等于失败，而你的软弱退让非但无法求得平安，还会面临无路可退的窘境。

李可与马东在同一家公司实习。李可性格十分温和，马东正好与之相反。每次开会，马东都是一个积极分子，很少赞同别人的意见，往往有理有据地阐明自己的立场，显得与众不同。

这样做的结果是，现场的气氛异常紧张，马东据理力争的个性很难被人接受，同事们都认为他是一个很难相处的人。而李可在会议上很少发表意见，面对他人的异议往往选择顺从。在多数情况下，李可都投赞成票，很少提出反对意见，同事都认为他是一个踏实、随和的人。

转眼过了一个月的试用期，大多数人都认为，李可会被老板留用。但是，结果恰恰相反，马东获得了工作机会。原来，老板认为马东敢于表达不同意见，具有非凡的见识和执行力，这种争强好胜的人正是公司保持活力所必需的。

马东凭借个人才华，以及敢于和别人一争高下的勇气，获得了工作机会。而李可这样的老好人尽管笑脸相迎，表现得很顺从，却不能得到外界的认可，也无法彰显自己的价值，最终与许多机会失之交臂。

个性温顺的人心地善良、厚道，遇事容易心软、畏缩及缺乏主见。

· 047 ·

因为不争不抢，不懂得拒绝他人，常常显得懦弱、无力，缺乏做事应有的果敢和魄力。与人竞争的时候，或处于紧要关头，如果一味地退让，显然无法维护自己的正当利益，这是成事的致命缺陷。

你想退一步，过好自己的安稳日子，但是现实的残酷性超出想象。比如，有的人得寸进尺，因为你的软弱退让愈加得意忘形。这时候，你要表现出勇敢迎接挑战的本色，表明自己的立场，维护自己的利益，让对方觉得你"不好惹"。

（1）为人不能太软弱

任何时候，一个人不能丧失善良的本性，同时也不能太软弱。许多时候，导致人生苦难的根源正是你的软弱和退让。失去底线的善良会给自己带来灾难。为人不能太软弱，这样才能保有反抗的能力。

（2）关键时刻敢于说"不"

人际交往中，不管你有多大能耐，都不能毫无原则地答应别人的要求。当你把所有重担一肩扛时，他人心里自然暗爽，而当你承受不住，终于发出微弱的反抗之声，他人又会提出更严苛的要求。与其陷入被动，不如关键时刻敢于说"不"，一开始就拒绝他人的不合理要求。

笑到最后，才算是胜利

人生如同一局棋，往往不能以一时的得失来断定最后的结局。那些真正的赢家，也许在开始的时候是以劣势的姿态出现，但是笑到了最后。

历史上，诸葛亮与司马懿的故事流传久远。多数人认为，司马懿是

第03章

生存逻辑 | 当你足够强大，世界才会对你和颜悦色

诸葛亮的手下败将；其实不然，诸葛亮魂断五丈原，司马懿再无对手，并且司马家族一统天下，他才是笑到最后的真正赢家。

"六出祁山"，表面上看似乎诸葛亮一直打胜仗，攻无不克，战无不胜。然而，他始终没有消灭司马懿率领的曹魏军队。最终，司马懿保存了实力，坚守到了最后。

在许多次战役中，诸葛亮胜了，但从来没有大胜，没有彻底地胜；司马懿败了，却没有被彻底打败，因为他始终存有实力。

司马懿采取"战略上防守，战役中固守"的战略决策，相信自己最后会赢，所以从不担心在战争中一次又一次地输。他不停地和诸葛亮"磨"，你来硬的我就来软的，你进攻我就防守，你撤退我就追，反正我粘着你：打不赢也打不垮，你急我不急。

所以，"六出祁山"形成了僵持的局面。在这个僵持阶段里，诸葛亮神机妙算，司马懿屡战屡败，但又屡败屡战。他保存自己的实力，继续跟诸葛亮抗争，打持久战，这是司马懿高明的地方。

在"空城计"这场较量中，诸葛亮展示了智高和胆大的一面，司马懿则坚持不轻易涉险的原则，决不轻举妄动，这是谨慎。我输一场、两场，让你笑一次、两次，都无所谓，反正我就是要跟你磨，反正来日方长。

六出祁山时，司马懿父子差点被烧死，但是他一点不着急。因为他知道，诸葛亮这么操劳，吃不饱，睡不安，肯定没有几天活头了。果然，诸葛亮像油灯似的耗尽了最后一滴油，不久就病死在五丈原。

无论在战场、商场上，还是在工作、生活中，最怕碰到司马懿这样

的竞争者。他明明知道自己不如你，明明知道斗不过你，但是要和你抗争到底，而且具备足够的耐性，让你无计可施。

面对竞争，顽强的人一次又一次失败，一次又一次被打趴下，却一次又一次地站起来，掸掸身上的尘土，继续抗争。就跟拳击比赛一样，被打趴下了，还要硬挺着站起来，继续战斗。这样的人在精神上始终不会倒下，他们保持旺盛的斗志，决不服输，是真正的赢家。

如果想登上陡峭的高峰，必须踏踏实实走下去。任何人都无法一步到达顶峰。善于等待，忍辱负重，才能迎来胜利的曙光，笑到最后。

| 第 04 章 |

◆

社交逻辑

上半夜想想自己，下半夜想想别人

成功，更在于你认识谁，以及与人打交道的能力。凡事先考虑到对方的利益，注重对方的心理感受，做出对方易于接受的方案，那么对方必然将心比心，认同你、理解你、支持你。如此一来，你无论干什么都会水到渠成。

做事先安人，安人先安心

几个人走到一起，为了一个共同的目标做事，开开心心最重要。心里舒畅了，大家才能交心，建立信任、理解、支持，实现完美的合作。最后，每个人都关心共同利益，关心同伴的成长，这就是团队的胜利。

因此，"做事"实际上是与人融洽相处的过程，你能安抚人心，那么求人办事或让下属做事就变得容易了。事在人为，一切事都离不开人。只要把人"安排"好，事情的经过和结果也就有把握加以控制了。

楚庄王作为春秋五霸之一，能够在众多诸侯国中脱颖而出，与他宽厚对待下属，善于与人交心密不可分。

有一次，楚庄王大摆宴席，邀请文武大臣参加。酒席宴上，楚庄王一时兴起，让自己宠幸的爱姬为大家敬酒。忽然，一阵大风袭来，把宴会上的蜡烛吹灭了，整个屋子一片昏暗，人群中一阵骚动。

突然，这位爱姬感到一只大手抓住自己的胳膊，不停地往身上摸；她恼羞之余抓掉了对方的盔缨，然后走到楚庄王身边，诉说其中的原委，并哭着要求惩罚失礼者。哪知道楚庄王思索片刻，下令不要点燃蜡烛，并且让武将都把盔缨折断。

第二天，爱姬还嗔怪楚庄王没有为自己出气，楚庄王却毫不在意地说："酒后失礼，怎么能怪罪呢！"几年后，楚庄王在一次战斗中被困，一员大将异常勇猛，带领大家成功突围。楚庄王论功行赏时，这位将军却跪地谢罪，原来他就是宴会上冒犯楚庄王爱姬的人。

第04章
社交逻辑 | 上半夜想想自己，下半夜想想别人

楚庄王没有怪罪下属对自己爱姬的冒犯，更没有责罚对方，赢得了下属的感激和忠心，这是安人、交心；日后，楚庄王遇到危难，那名将军挺身而出，这是关心、成事。

做事是一门科学，当然要遵循严格的规则、制度，但是它又是一种艺术，特别是与人打交道的时候，尤其需要准确把握他人的心理，实现安人的目标，达到安心的效果，从而在关键时刻得到他人的帮助和支持。

（1）以"仁爱"精神关心他人，赢得人心

所谓"仁者，爱人"，关爱、帮助、体恤他人，才能赢得人心。做事的时候重视对方的感受，与大家融洽相处、同甘共苦，这样就可以获得支持。

（2）攻心为上，降服"不安心"的人

在我们周围，会集了来自天南地北、五湖四海的人。你想过没有，这些性情各异、习俗不同的人为何帮助你做事，甚至听你指挥、为你效劳？情商高的人懂得"攻心为上"，遇到难以相处的人，只要表现出足够的诚意和耐心，一定会感化对方，赢得友谊与帮助。

中国是一个人情社会，做任何事情都要安抚好人心，才能达成所愿。与他人开心地在一起，多关心对方，达到交心的程度，那么你再求人办事就会变得很简单。

正确应对他人的情绪

情绪是一件很神奇的东西，有时候不是由自己决定的，反而被他人

影响。经验表明，仅仅处理好自己的情绪还不够，正确应对他人的情绪才能在社交中理顺各种关系，应对复杂局面。

应对他人的情绪，不是影响和干预对方，而是合理应对他人的反应，不激化彼此的矛盾。尤其是对方表现出强烈的负面情绪时，要帮助其走出情绪沼泽，并免受其害。

比如，朋友或亲人面对情感问题，以及工作上的问题，找你倾诉。这时候，你要帮助他们疏解不良情绪，回归正常的生活。需要警惕的是，你不能被他们的负面情绪感染，陷入自怨自艾的低谷。

一个男孩被老板炒鱿鱼了，非常伤心。一切悲伤都是徒劳的，公司裁员，他只能被淘汰。一想到女朋友和自己的未来，他就觉得眼前一片黑暗。

男孩没有勇气回家，不敢面对自己喜欢的人，不知道如何是好。在他心里，不仅仅是无助，更多的是惭愧和内疚。他突然怀疑自己是否给不了心爱的人幸福。对男人来说，这会让人失去自信。

回到家已经是半夜，女朋友已经在沙发上睡着了，桌子上还放着没有动过的饭菜。事后，女朋友并没有责备他，没有哭也没有闹。她只是说，当初两个人一起坚持，一起奋斗，才走到了一起；现在，只不过是重新开始而已，不放弃努力才是最重要的。

在女孩子的鼓励支持下，男孩子走出失落状态，很快找到了新工作，并且实现了自己的诺言。有这样的女孩子在身边，真是一种莫大的幸福。

不良情绪的传染是在潜移默化中进行的。人们总是在不知不觉中让本来绿色的心情染上可怕的灰色,即使你对坏情绪有很强的"免疫力",也不能保证长期免受其害。所以,为了避免被他人的不良情绪左右,应尽量远离情绪消极的人。

此外,你要成为一个有主见的人,避免轻易被对方的不良情绪击倒。没有主见的人最容易受他人情绪的感染,最容易被拉入消极的深渊。因此,置身他人的不良情绪中,要做到有主见,专注于内心的体验,主动抗击外界干扰。

如果你长期被不良情绪包围,得不到解脱,恰恰你又是没有主见的人,那么请转移注意力。

在意自己在别人眼里是什么形象,为了得到他人的肯定而讨好对方,甚至按照他人的期望要求自己。在这种心理驱使下,你很容易进入一个永不停歇、痛苦的人生轨道。在追求幸福的道路上受他人不良情绪、错误观念的影响,以他人为参照模式,注定一生都会悲惨地活在他人的价值观里。

人生就像一段美丽的旅程,因为风景不同,所以世人走的路也不相同——有的路阳光明媚,有的路阴云密布,有的路落英缤纷,有的路绿树成荫。关键是,你要确保自己走在阳光里,远离情绪阴霾。

正确处理他人的情绪,最重要的是了解症结所在,然后对症下药。为此,你要学会思考和倾听,针对具体情况采取相应的方法,并免受不良情绪干扰。一旦你开始这样做,你与周围人的关系会发生令人惊喜的改变。

伟大的代价，就是责任

遇到一点困难和挫折就喜欢发泄内心不满，把责任推脱到那些没有生命或者无辜的旁观者身上。这一点不仅时常发生在小孩子身上，在成年人身上体现得也很明显——需要承担责任的时候像孩子一样选择躲避，不敢主动迎上去担当。

长久以来，世人不乏将自己的失败和过错推卸到别人身上的情形，就连亚当偷食了苹果也要责怪夏娃："都是她来诱惑我，才吃了禁果的。"

成熟的第一步是勇于承担应有的责任，这是赢得信任和支持的基础。我们早已过了无知懵懂的孩童阶段，应该直面人生，面对自己的责任，关键时刻勇于担当。不过，这样做的确比较困难，而把责任推卸给陌生人、同事、子女则显得更容易。有时候，我们甚至怪罪这个社会不公平、他人不作为，而最好的借口恐怕就是命运的捉弄，一切都是命中注定的，再怎么改变也无济于事。这样的人，显然无法赢得他人的心理认同。

无论是谁，犯错后的第一想法就是为自己辩护，先摆脱掉责任，从而明哲保身。这样的行为却显得很愚蠢，能坦诚面对自己的过错，才是高人一等的智慧，能让周围人心生敬意。否则，你注定无法成为值得托付重任的人，也会丧失宝贵的发展机会。

这一天，经理临下班时交给珍妮一项工作——将所有与公司来往的客户的详细资料整理出来。还好，珍妮平时习惯做一些笔记，记录客户的资料，所以把这些东西整理出来并不是一件难事。但是，这项工作十

第04章
社交逻辑｜上半夜想想自己，下半夜想想别人

分耗时、耗神，而经理又说急着用。所以，她只好留下来加班。正在整理资料的时候，突然停电了，办公室内一片漆黑。随后，珍妮立即收拾东西，回到家里。

第二天，经理召开销售会议，向珍妮索要整理好的客户资料。她眨着眼睛，轻声细气地说："我加班整理了好长时间，没想到后来停电了……没有办法继续工作下去，所以我就回家了……"经理虽然脸上不高兴，但还是谅解了她："那好吧，明天一定整理好。"

于是，珍妮一再告诫自己，务必把资料整理好，明天早晨上班后放在经理的办公桌上。为了避免办公楼再次停电，她下班后把资料带回家，准备熬夜完成任务。晚饭后，珍妮立即着手工作，可是刚过了一个小时，睡意就来了，她竟然伏在桌面上睡着了。

第三天早上醒来，珍妮为了整理好客户资料急得连早饭都没吃，就继续埋头苦干。可是，她非但没有完成客户资料的整理，而且又迟到了。当经理沉着脸索要客户资料的时候，她说："不好意思，我昨晚实在太累了，今天早上立即赶进度，令人遗憾的是仍旧没有完成……"

这一次，经理并没有生气，而是神情淡定地说："你下午到人事部去领这个月的工资吧……"珍妮还想辩解，可是经理已经转身离开了。

很多不成熟的人总是会用各种理由来掩饰自己的缺点和不幸，例如：他们的童年很悲惨；父母太过贫穷，无法给自己优越的生活条件；缺乏良好的教育；身体虚脱，饱受病痛的折磨……

总之，他们会埋怨任何可以埋怨的人，认为命运总是跟自己过不去，结果缺少机遇，仿佛整个世界都在与自己为敌。其实，他们只是在为自

己的过错寻找替罪羊，不去想怎么解决问题，只思考摆脱责任的方法。人一旦失去责任心，即使做自己最擅长的工作，也会一塌糊涂。因此，无论与什么人打交道，都要有一丝不苟的负责态度。否则，受损失的只能是自己。

丘吉尔曾经说过："伟大的代价就是责任。"一个人只有承担了一定的责任，才有可能被赋予更大的责任。做不好自己的本职工作，永远都没有晋升的可能性；做不好下属，便永远不要想当领导；当不好士兵，永远都成不了将军。

从今天开始，主动做事，改变自己的态度，以尽责的精神、饱满的热情，全力以赴把小事做好，这样自然容易赢得他人的赞同和广泛的友谊。当我们竭尽全力、尽职尽责时，不管结局如何，都是成功的。这样的过程带给我们幸福和满足感。坚守责任，便守住了生命的最高价值，守住了人性最伟大的光辉。

会捧场的人更有好人缘

人捧人，越捧越高，你也高，他也高，这是人己两利的事情。从自身角度考虑，给他人捧场，他们才会给你抬轿。不要把捧场看作是谄媚，认为这有损自己的人格；不要自视太高，放不下架子；也不要怕别人胜过自己，担心相形见绌。

从小的方面说，与朋友相处，没有工作中的竞争压力，少了日常生活中的琐事烦扰，大家亲密交谈、畅快沟通，其间自然少不了来自对方

第04章
社交逻辑 | 上半夜想想自己，下半夜想想别人

的赞美——这无疑能使我们得到对方的认同，使自身价值得到彰显。

从大的方面说，中国有许多礼节，碰上婚丧嫁娶等大事，亲戚朋友都要参加，有许多场合还要送礼。这既是几千年来的传统，也是朋友之间保持联系的一种方式。给他人捧场，才能把"人情"送出去，把"友谊"请进来。

联络感情本来就不是一件容易的事，用"捧场""捧人"熟络关系，做到与人为善，是最简便、最有效的交友方法和人际沟通原则。学会站在对方立场考虑问题，善于明察秋毫，给朋友捧场，实际上是在让人为自己抬轿！

多年以前，李嘉诚帮助包玉刚购得九龙仓，又从置地购得港灯，还率领华商一起"围攻"置地。但是，李嘉诚并没有因此与纽璧坚、凯瑟克结为冤家，没有成为不共戴天的仇人。相反，每一次战役后，大家都握手言和，并联手发展地产项目，在商场上既竞争又合作。

这一局面的出现，在很大程度上得益于李嘉诚做人做事的智慧。他说："要照顾对方的利益，这样人家才愿与你合作，并希望下一次合作。即使在竞争中，也不要忘了想一想对方的利益。"

追随李嘉诚几十年的洪小莲，这样评价李嘉诚独特的做事风格："凡与李先生合作过的人，哪个不是赚得盆满钵满！"

善待他人，利益均沾，相互捧场，是生意场上交朋友的前提，诚实和信誉是交朋友的保证。"一个篱笆三个桩，一个好汉三个帮。"在生意场上，说话办事必须给他人捧场，努力发展合作关系，大家开开心心，才能互惠互利，绝对不要因为利益闹得不欢而散。

显然，李嘉诚在积累财富的过程中善于给他人捧场，依靠高超的手腕建立起好人缘，从而在险恶的商场中避免了与人为敌。有人说，李嘉诚生意场上的朋友多如繁星，几乎每一个与他有过一面之交的人，都会成为他的朋友。这种观点并不夸张。在生意场上，李嘉诚创造了只有对手而没有敌人的奇迹。

"捧"字好像有些不顺眼，有人甚至把它等同于"阿谀奉承"，认为是小人的行为，这是不妥当的。许多人信奉"休要长他人志气，灭自己威风"，总是拼命抬高自己的身价，对别人吹毛求疵。这样一来，彼此相互揭短，是"为敌"的表现。作为朋友则不同，我们要做的是"捧场"。

其实，"捧"自古有之，商人的捧叫"广告"，而朋友之间的捧是撑场面。真正的"捧"并不是瞎吹，不是胡说，而是根据对方的实际状况，发现对方的长处，给予赞美。给朋友捧场，是成全他人；朋友给我们捧场，是成全自己。由此可见，"捧"是建立和发展友谊的有效策略。

考虑自己的感受，也照顾别人的想法

生活中，有的人喜欢指责对方，一旦出现问题立刻把责任推卸给别人。还有一些人，明明自己做得不够好，却拼了命地指责对方的过失。结果显而易见，要么伤害了他人，要么被人反驳。那么，何不静下心来多多了解他人，设身处地地思考问题，这比毫无意义的批评和责怪更有意义。

"了解就是宽恕。"在批评他人之前，先想想自己做得怎么样，有

第04章

社交逻辑 | 上半夜想想自己，下半夜想想别人

没有权利去指责别人，是否应该怪罪对方。久而久之，你就能在一定程度上改变自己的想法和行为。须知，只有不够聪明的人才会批评、抱怨他人。

青年时代，林肯曾在印第安纳州的鸽溪谷定居。那时，他年轻气盛，总是喜欢当面指责别人，甚至还经常写诗去嘲讽对手。他经常把写好的东西扔在别人的必经之路上，这对他人造成的伤害往往令人终生难忘。

1842年，林肯在伊利诺伊州的春天镇挂牌做了律师。此时，他经常在报纸上发表文稿，公开攻击那些与之为敌的人。这一年的秋天，林肯讥笑一位自大、好斗的爱尔兰政客——希尔兹。在当地的报纸上，林肯刊登出一封匿名信来大肆嘲讽希尔兹，使得全镇的人哄然大笑。希尔兹平日里骄傲敏感，哪里能受得了这样的侮辱。他马上查出是谁写了这封信，当即跳上马找到林肯，并要与他决斗。

林肯平时不愿打架，更反对这种真刀真枪的决斗，可是为了保全面子还是答应下来。希尔兹让林肯选用一种武器，由于手臂特别长，再加上曾与一位西点军校的毕业生学习过刀战，林肯便选用了骑兵用的马刀。在指定日期，两个人约在密西西比河的河滩上进行决斗。这时，朋友们匆忙赶来，经过一番劝说，两人最终放弃了这场厮杀。

经历了这件事，原本口无遮拦的林肯似乎清醒了许多。他没想到自己的嘲讽竟然招致了这么严重的后果，而这件事也给了他一个极其宝贵的教训。他永远不再写凌辱人的文章，永远不再讥笑他人了。也是从这个时候起，林肯几乎不再为任何事而批评他人。

后来，在美国内战期间，林肯委派新将领统率"波托麦克"军，结

果遭遇了接连惨败。当北方半数以上的人都在指责这些失败的将领时，林肯却依然保持着和颜悦色。他明白，过多的指责是无济于事的，反而会让将士们失去斗志，最后得不偿失。

林肯最喜欢的一句话是，"不要随意批评他人，免得被他人非议"。当妻子和别人谈论南方人的时候，林肯也总是对她说："不要批评他们，放在相同的情况下，我们也会和他们一样。"

人们总是希望他人做出改变，调整到自己满意的地步，那为什么不先让自己做出改变呢？从某种意义上来说，你的主动改变会让自己获益良多。我们在说话时，经常只顾自己的感受，却完全忘记了别人的想法，过后才发现这种口无遮拦会闯祸、误事。

遇事总担心吃亏，受点委屈就歇斯底里，因为无法控制情绪而大放厥词，结果只在嘴上图个痛快，让那些尖刻、难听的话不自觉地冒出来了。结果，当你的责备到了伤害别人自尊的地步，那一丝不快便有可能渐渐发展成仇恨。

约翰博士曾经说过："上帝从不论断人，直到末日审判来临。"你又何必针锋相对，大肆批评呢？因此，无论内心有怎样的愤怒和不满，都必须用一种委婉的方式表达，帮助对方认识到自己的错误即可。从现在开始，不再随意指责他人，你收获的将是恒久的善意与祝愿。

人类本质里最深层的驱动力就是渴望自己具有重要性，你想要别人怎样对待你，你就先怎样对待别人。遇事除了考虑自己的感受和利益，也要照顾别人的想法，从而找到圆满的处事策略，在弥合分歧的基础上实现合作。

第04章

社交逻辑｜上半夜想想自己，下半夜想想别人

先说出你自己的错误

在人际沟通中，赢得他人的赞同之前，不妨先考虑一下对方的感受，然后再采取得体的方式去表达。这样做，有利于让对方认同、信任你，而不是发生冲突，产生矛盾与隔阂。

比如，批评别人之前，应该先思考自己是不是做对了。如果你尚且不能规避错误，又有什么资格去指责别人呢？先说出你自己的错误，放低姿态之后显然能够促使对方放下戒心，然后倾听你的意见。

18世纪初，德皇威廉二世高傲自大，从不把别人放在眼里。他组建陆军、海军，想进攻周边的国家，与世界为敌，称霸全球。为了实现自己的野心，威廉二世说了一些不着边际的话，这令整个欧洲都为之震撼。更糟糕的是，威廉二世访问英国时，竟然把这些自傲、荒谬的言论刊登在《每日电讯》上。

在欧洲100多年的和平时期内，从未有任何一个欧洲国王说过这样惊人的话。当时，整个欧洲一片哗然，世人全都骚动起来。看到各国的骚动，威廉二世意识到了事态的严重性。手足无措之际，他向布洛亲王暗示，令对方代为受过。换句话说，就是让布洛亲王宣称一切都是他的责任，与威廉二世无关，是他建议德皇说出了这些话。

出乎德皇意料，布洛亲王婉拒了这一要求，他说："陛下，恐怕如今的德国人和英国人都不会相信是我建议您说了那些话。"当布洛亲王说出这些话后，他立即发现自己犯了一个无法弥补的错误。果然，德皇

大怒："你以为我是一头笨驴吗？连你都不至于犯的错，我却做了出来。"

布洛亲王知道，此时的德皇无论如何都不会马上承认错误。他决定采用其他的办法：在批评之后主动认错，加以赞美。结果，奇迹马上出现了。

随后，布洛亲王向德皇恭敬地说："陛下，您在很多方面都比我强，不仅谙熟海军知识，还熟练掌握自然科学知识。陛下您每次谈到风雨表、无线电报这些科学原理时，我总是感到一阵羞愧，因为自己对这些知识一概不知，对许多学科一窍不通，甚至对化学、物理全然不懂。即使平日里最普通的自然现象，我也无法做出科学合理的解释，我知道的只有那一点点可怜的历史知识和一些政治上的琐事。"

听到这里，德皇脸上终于有了笑容。布洛亲王主动示弱并认错，抬高了德皇，而放低了自己，一番称赞更是让对方忘记了愤怒。布洛亲王一番诚恳的解释，终于赢得了德皇的宽恕和谅解。

从中不难发现，布洛亲王通过对德皇的称赞及时解救了自己。正是因为他先承认自己的错误，说了一些放低姿态、称赞对方的话，才化解了德皇的怒气。如果把这种说话技巧用到工作、生活中去，也一定能收获意想不到的奇迹。

当然，承认错误的确需要勇气，特别是当你正在气头上时。而一旦承认了过错，你会获得极大的回报，除了不再有罪恶感和自我防卫的压力，还能消除因错误而造成的许多困扰。

经验表明，只有傻子才会为自己的过错辩解。主动认错不但使你显得与众不同，还给人负责、豁达的印象。请记住这句话："你绝不会因

第04章
社交逻辑 | 上半夜想想自己，下半夜想想别人

为争吵而得到太多，只有主动承认错误才能使你得到比预期还多的东西。"

如果你能勇敢承认自己的错误，那么必然能从中获益。正因勇于承认错误，你不仅能够赢得别人的尊敬，还能增加别人对你的信任。

陌生人是你迟早会认识的家人

米奇·艾尔邦的著作《在天堂遇见的五个人》中，有这样一句话："陌生人是你迟早会认识的家人。"把善意和情感用在陌生人身上，似乎是一种浪费，这些人和我们有什么关系呢？殊不知，你做出关爱他人的举动，其实是在帮助自己。

一位女士在一家肉类加工厂工作。这一天，她走进冷库例行检查，门意外地关上了。此时，大部分工人已经下班，她被锁在冷库里，根本无人发现。她竭尽全力喊叫，并敲打冷库的门，但是没有人能够听得到。

几个小时后，她冻得浑身发抖，几乎绝望了。濒临死亡，她开始回想这一生……忽然，冷库的门打开了，工厂保安最终救了她。

后来，这位女士问保安："你为什么会去开门？这不是你的日常工作。"保安说："我在这家工厂工作了35年，每天有几百名工人进进出出，但是只有你在上班的时候主动向我问好，下班的时候主动跟我道别。所以，我对你印象深刻。

"今天早晨，你照例对我说了一声'你好'。下班后，我却没听到你跟我说'再见'。你每天的问候让我很开心，我自然也会关心你。今天没有听到告别声，我猜可能发生了什么事，所以才到工厂里四处找你。"

这位女士能够起死回生，与其说善良的保安救了她，不如说她拯救了自己。平日里处处与人和睦相处，重视身边每一个人，如果没有足够的耐心和教养，显然做不到这一点。无疑，她是一个热爱生活的人，情感丰富，情商也很高。这种谦卑、友善的个性影响了保安，也让后者在关键时刻帮助了自己。

人生其实是一次漫长的旅行，我们从这里走到那里，从年少到年老，从获得变为失去，是一个不断遇到他人、不断历练心性的过程。善待别人，虽然不会立即得到回报，可这种善的轮回已经成形，终有一天，我们会被生活垂青。人和人相互扶持、互相帮助的地方，就是天堂。

一个人有怎样的命运，能做出怎样的成就，虽然与周围的环境有关，但是终究取决于本人。与收获相比，付出更能令人感受到行动的意义、生命的价值，并在将来某个时刻得到天赐的恩泽。

| 第 05 章 |

◆

利益逻辑

没有永远的敌人，只有永恒的"互利"

天下熙熙，皆为利来；天下攘攘，皆为利往。人与人之间的一切进退、取舍、权衡，都逃不过一个"利"字。会办事的人既想到自己，也能照顾别人，你中有我，我中有你。反之，如果自己独吞好处，那么即使有惊世的才华也难有作为。

天下没有免费的午餐

不付出就想有所收获，无异于痴人说梦，因为"天下没有免费的午餐"。这个世界不曾亏欠每一个努力的人。保持积极、奋进的工作精神，通过不断努力收获梦想与财富，才能配得上更好的明天。

迈克尔·布隆伯格是"世界之都"纽约的管理者，他掌握着全世界最重要的财经讯息，个人流动财富高达200多亿美元。这样的人生无法不令人羡慕与敬佩。

今天的人们，因为对职位或工作不满就会选择跳槽，许多人也习以为常。但是在1946年，当时在华尔街工作的人并不敢轻易跳槽。那时候，人们常常把自己的一生与一个公司紧密地联系在一起。布隆伯格从得到所罗门公司职位的那一刻起，就把自己当作一个"所罗门"人看待了。

与其他大公司不同，所罗门看重的是业绩，公司鼓励实干。布隆伯格对此感到很满意，认为这里最适合自己发展。

当时，布隆伯格坚信一点："进入一个投资银行公司，对非家族继承人来说，不是一件容易的事情，你会把它看成终生的职业，一直干下去，并最终成为一名合伙人。然后，在年纪很大时死在一次商务会议上。"

26岁的时候，布隆伯格就成了公司的高级合伙人。他常常最晚下班，全身心投入自己热爱的工作，花费了大量时间和精力。当然，布隆伯格并没有因为努力工作影响正常的生活。他坚信，自己努力越多，越能拥有自由富足的生活。

第05章

利益逻辑 | 没有永远的敌人，只有永恒的"互利"

布隆伯格经常对别人说："你永远不可能完全控制自己所处的位置，不能选择开始事业时的优势，当然更不能选择你的基因和智力水平，但是你能控制自己工作的勤奋程度。"

布隆伯格一生坚守努力工作的信念，通过辛勤付出实现了人生梦想。这个世界上没有免费的午餐，一切成就、荣誉的获得都有赖于你坚持不懈的努力。无论你想拥有什么样的生活，必须为之奋斗。也许投入更多时间与精力并不能保证一定成功，但是不努力注定不会有收获。

做任何事情都不会一帆风顺，耕耘之后没有收获的情形很常见。当你付出之后没有业绩、无法如愿时，不必充满挫败感，不必失望和情绪低落。你还有时间和机会，继续努力，继续奋斗，在未来某个时刻，你的努力终将成就无可替代的自己。

许多人面对眼前的诱惑，心中都会产生不劳而获的冲动，但是世上没有一劳永逸的事情，那些触手可及的诱人机会往往是靠不住的。在这个世界上，很少有人无条件地帮助你，所谓"助人为乐"只不过是一种道德期望，无法成为人们做事的行动准则，你不能要求别人一定要帮你。

行动之前，想清楚如何达成目标，需要哪些条件，如何有序开展工作，这才是你应该思考的内容。一旦考虑周详，就要坚定执行计划，一步步接近预期目标，直到成功那一刻来临。

所谓成功，就是你比别人更用心、更能坚持。无论在办事的哪个阶段，无论何时，一定要相信自己的能力，并为此努力。天下没有免费的午餐，如果不肯付出，不寻求改进方法，终究会一无所得。

有了好处要和大家一起分享

李嘉诚说过:"如果一单生意只有自己赚,而对方一点不赚,这样的生意绝对不能干。"意思是,生意人应该利益均沾,这样才能保持久远的合作关系。相反,光顾一己利益,而无视对方的权益,只能是一锤子买卖,自己将生意做断做绝。

有钱大家赚,这是李嘉诚不变的原则。在利益共享方面十分慷慨,这让李嘉诚很有人缘,赢得众多追随者,生意越做越大,越做越容易。有了好处要和大家一起分享,这是迈向成功的一个规律。

董事长每年会从利润中拿出一定比例来奖励董事会成员,称之为"袍金"。李嘉诚出任十余家公司的董事长或董事,所得"袍金"有数千万港元。但是,他把所有的袍金都归入长江实业的账上,自己全年只象征性地拿5000港元。

事实上,这5000港元还不及一名清洁工在20世纪80年代初的年薪。李嘉诚在董事袍金上的做法成为香港商界、舆论界的美谈,也帮助他赚足了人心。

更重要的是,李嘉诚每年放弃数千万元袍金,主动把利益和大家一起分享,而不是独吞,获得了公司众股东的好感。爱屋及乌,大家自然也信任长实系的股票,甚至出现了这样的情况,李嘉诚购入其他公司股票,投资者主动跟进,成为投资界的一道风景。

与人共事的一个重要原则是,坚持"有福同享,有难同担"。如果

第05章
利益逻辑 | 没有永远的敌人，只有永恒的"互利"

你在工作和事业上干出点名堂，或者小有成就，这当然是值得庆幸之事，你也应当为自己高兴。但是需要注意，如果这一成绩的取得是大家一起努力的结果，或者离不开他人的帮助，那你千万别独占功劳，否则会给人留下好大喜功的不良印象，容易失去人心。

很多人在做事之初能"共苦"，与他人维持亲密的关系，等到小有成绩或取得收益的时候却做不到"同甘"，甚至反目成仇。其实，与人共患难并不难，因为在危难情况下，共渡难关、同舟共济往往是唯一选择。困难的是在危难之后，苦尽甜来，仍能为对方付出感情，不忘关键时刻帮助你的人，才最难得。

那些有魄力、干大事的人之所以极具号召力，是因为他们懂得与人分享利益，让所有付出努力和辛劳的人都得到回报。

当年在伊利工作期间，因为业绩突出，公司曾奖励牛根生一笔钱，让他去买一部好车。结果，牛根生用这笔钱买了四辆面包车，让核心团队成员每人都有了一部车。后来，牛根生创办了蒙牛集团，并一路发展壮大，也离不开他与人共享利益的慷慨作风。

好处独占，独享荣耀，说穿了就是你威胁了别人的生存空间，因为你的好处、荣耀会让别人变得黯淡，产生一种不安全感。而当你获得荣誉和好处时，去感谢他人、与人分享，这正好给对方吃了一颗定心丸。

因此，无论做任何事情都要遵循与人分享利益的原则，在共享中增进信任和支持。贪图利益的人格局小，缺乏与人分享的智慧，因此注定难有大的作为。

做成任何一件事都是各方努力的结果，缺少谁都不好办。对现在一起合作的伙伴，一定要善待并主动分享利益。让利于人，别人不仅不会因争利而与你敌对，反而会生出感激之情，信任、支持并帮助你。

放弃竞争，选择竞合

做任何事情，一个人单打独斗肯定寸步难行。你必须与他人合作，才能实现远大的发展目标。在合作中互惠互利，是办成事、办大事的基础。因此，一个人必须增强团队精神与合作意识，不做独行侠。

选择与他人合作，通过优势互补实现利益的最大化，是一种高明的做事策略。如果只看到各自的利益，那么就无法享受合作带来的成功和喜悦。在此，能否达成合作考验着双方的眼光、格局。

一个年轻人经常和别人争执，显得很不合群。有一天，他找到一位德高望重的老人，问道："身边的人都不喜欢我，我每天好像生活在地狱里，如何过上天堂那样的生活呢？"

听到这里，老人说："走吧，我带你寻找答案。"随后，他们来到一座大房子面前。进入第一个房间，眼前的餐桌上堆满了美味佳肴；围坐在四周的人拿着长长的钢叉和勺子取食物，一副你争我夺的样子。一根根钢叉、勺子交错碰撞，可口的菜肴掉下来，随后咒骂声不断响起。结果，没有人能真正吃上几口美味的饭菜，大家都面黄肌瘦，营养不良。

接着，老人带着年轻人来到另一个房间。这里也有一大桌美味佳肴，周围坐着的人也拿着长长的钢叉和勺子,然而大家脸色红润,看起来很健康。原来,每个人都用钢叉、勺子把饭菜送到别人嘴里,显得非常开心。于是,大家在彼此相互帮助之余,对饭菜的美味赞不绝口。

最后,老人转身对年轻人说:"什么是天堂,什么是地狱,这次你明白了吧!"年轻人恍然大悟,高兴地说:"我懂了。每个人不能只想着自己的利益,必须互相帮助,才能合作共赢。"

戴尔电脑公司的CEO迈克·戴尔认为:"一个人不能单独做成任何事。卓越的公司领导人都在一定程度上拥有成功的团队……领导人总是寻找一些在技术经验方面与自己互补的杰出人才一起提升其经营水平。在多数情况下,管理团队中的成员拥有同样的热情、人生观和价值观。"

在人力资源管理领域,有一个著名的木桶理论。一只木桶能装多少水,不是取决于最高的那块板子,而是取决于最低的板子。一个人在实现自己利益的同时,如果不懂得与他人合作,最后很难达成所愿。

无论身处任何地方,你都不是独立的个体,而是集体中的一分子,或是群体中的一员。在争取个人利益的时候,情商高的人善于合作,通过共同协商找到最合适的方案,实现利益共享。

以二合一来代替二选一

任何个人和团队都有特定的利益,并为此奋斗。在实现目标的过程中,横冲直撞未必会有好结果,因为获取利益的过程并非零和游戏。情商高的人懂得掌控全局,寻找平衡各方利益的良策。比如,"以二合一来代替二选一"就是有效的利益均衡之道。

当年，袁术派大将纪灵率领 10 万大军攻打刘备。为了防止徐州的吕布救援，袁术派人给吕布送去粮草和密信，让他按兵不动。

这时候，刘备考虑到自己兵力不足，写信请吕布增援。吕布接受了袁术的粮草，又收了刘备的求援信，一时间左右为难："如果不救刘备，袁术得逞后我就会处境危险；如果救刘备，袁术一定记恨我。"

最后，吕布想到了一个绝妙的方法。他摆下宴席，邀请刘备、纪灵一起参加。酒席上，吕布劝说两家罢兵，但是纪灵始终不答应，只有刘备慨然应允。

忽然，吕布大喊："把我的画戟拿来！"刘备、纪灵都吓了一跳。吕布又说："把画戟插到辕门外 150 步的地方，如果我一箭射中画戟的戟尖，你们两家就罢兵。如果射不中，随你们怎么打，我绝不插手。"

显然，纪灵希望射不中，刘备希望能射中，两个人都各怀心思。吕布命人把酒端上来，大家各自饮了一杯。接着，他搭箭拉弦，只听"嗖"的一声，那箭不偏不倚正好射中画戟的戟尖，在场的人发出一阵喝彩声。

吕布大笑着拉住刘备、纪灵的手，说道："看来老天也不愿意让你们打仗啊！"于是，吕布凭借精湛的箭法平息了一场厮杀，让双方都没话说。

中国人奉行"中和之道"，尽量避免正面冲突，维护好各方利益和诉求。这种独特的处世方式与做事方法是一种极高的智慧。

美国人看重个人权益，"不要让自己的权利睡着了"是其座右铭。"个人独立，个人自由"所产生的个人行为，让美国人只看到"一"，不会顾及他人的利益。而日本是一个崇尚强者的民族，他们追求个人利益的同时会看到对手的存在。行动之前，他们会比较敌我的力量，比对方弱就俯首称臣，比对方强就恃强凌弱。

与美国人、日本人不同，中国人在"你""我"之外看到"他"，擅长"把二看成三"，在处理事务的过程中，中国人考虑的问题比较多，往往"瞻前顾后"，其实这是深思熟虑的表现。"把二看成三""以二合一来代替二选一"，就是在追求"中""和"的目标。

具体来说，中国人做事追求利益平衡，对人的感情和事务的处理，都坚持恰到好处，保持融洽的人际关系，努力做到利益共享，减少纷争。中国人做生意，最常说的一句话就是"和气生财"。这个"和"，不仅讲究和颜悦色地说话办事，更在于想到金钱之外的东西，从而维持长久的生意与合作关系。

与人产生利益纠葛的时候，如果任由双方争斗下去，那么只能一方胜利，另一方失败，甚至鱼死网破，没有赢家。显然，这样的结果都不值得称道，最高明的做法是强调节制、克制，以二合一来代替二选一，达到一种"和"的境界。

别人贪婪时，你一定要谨慎

一个想做大事、成就大功业的人，务必做到沉稳、干练，才知道自己该做什么，不该做什么。面对多如牛毛的机会，如果"眉毛胡子一把抓"，显然会乱了方寸，陷入危险的境地。只有正确选择合适的机会，才能把握好当下，赢得未来。

一位企业家说过："CEO 的主要任务不是寻找机会，而是对机会说 NO。机会太多，只能抓一个，抓多了，什么都会丢掉。"局势混沌不清时，即使面前有巨大的利益，也不可草率地做出决策，而要以非凡的耐性稳定情绪，等待形势进一步清晰，认清发展趋势；待一切明朗，非常有把握时果断出手，自然赚得盆满钵满。

人性是贪婪的，许多人被诱人的机会吸引，变得毫无节制，对危险失去了警惕性，最终因贪图一时之利而满盘皆输。机会太多，容易乱了阵脚，其结果是乱中出错，造成无法弥补的损失。

有一个地区生活着一种顽皮的猴子，它们平常喜欢偷吃农民种的花生，并且以此为乐。当地农民为了保护花生不被偷吃，一起商量怎样抓住猴子。他们长期观察猴子的生活习性，终于发明了一种极为巧妙的捕捉办法。

大家先从家中找了一些葫芦形的细颈瓶子，再把它们固定在大树上。然后，把花生倒进瓶子，吸引那些馋嘴的猴子。随后，农民就开始"守株待兔"了。

果然，一群猴子发现了挂在树上的瓶子，并被瓶子里的花生吸引。它们纷纷围拢过来，急匆匆地朝瓶子里伸爪子，希望多拿点花生。把爪子伸进这些瓶口容易，拿到花生后想出来却不容易了。

爪子抓满花生的猴子无论怎么尝试，都无法把爪子收回来，顿时急得团团转。显然，那些生性贪婪的猴子不会把到手的东西轻易放下，丝毫不顾被抓的风险。结果，农民不费吹灰之力就逮住了猴子。

许多时候，一个人面临的难题不是能否找到机会，而是在令人眼花缭乱的机会面前做出正确选择，敢于对难得一遇但不合适的机会说"不"。

对此，万科创始人王石说："万科之所以能走到今天，就是因为有稳定的心态，一步一个脚印。在这个社会上，有很多事情是没法超越的，不是你想多快就能多快。"

李嘉诚以投资果敢著称。但是，这种敢于冒险的背后，却是他深入市场调查、周密部署的细致工作。尽管旗下的商业已经遍布全球，李嘉诚仍然在投资上小心谨慎，不敢有丝毫大意。

所谓谨慎，主要是做决定前慎重考虑，尽力避免被误导，不做出错误的决策。越是冒险的时候越要谨慎，这样才能避免陷入危险之地，始终在安全的边界线内做事。

（1）情况不明时，保持慎重。情况不明朗，意味着不确定性大大增加。这时候，搜集相关情报信息，对环境、形势做出准确的判断，更容易成功。

（2）真理并非掌握在多数人手中。靠团体的意见做决策，并不能保证完全正确。许多时候，真理掌握在少数人手中，你应该相信自己的分析和判断，不盲从他人。

有的人做生意挣得快，亏得也快，就在于他们完全凭运气赚钱。做事不能逞匹夫之勇，更不能盲目地跟随众人行动。情商高的人思虑周密，胆大的同时也做到心细，所以立于不败之地。

| 第 06 章 |

◆

人心逻辑

不想大跌眼镜,就别对人太势利

三十年河东,三十年河西。身居高位的贵人早上还是公卿,可能到了晚上就会变成平民;有人穷困了一辈子,到头来咸鱼翻身。面对诸多让人大跌眼镜的事,你要谨记:做人千万不要太势利。

三十年河东，三十年河西

世事无常，沧桑变幻，超出了人们的想象。没有人永远一帆风顺，英雄一朝落难，是极常见的事。问题在于，你怎么对待那些落魄的人。

三十年河东，三十年河西。今天还是虎落平阳，明天就可能一飞冲天，因此不要对人太势利。有的人见风使舵，看到他人降职、破产，就摆出一副幸灾乐祸的样子，这显然不是智者所为。有智慧的人永远一视同仁，把落难者当作人情投资的对象。

李东是一家地产集团分公司的财务总监，因为揭露分公司总经理的经济问题遭到打压，被降职为一名普通财务人员。随后，先前笑脸相迎的同事和下属纷纷躲避李东，生怕沾上他的晦气。

只有原来的财务总监助理陈鹏不避嫌，经常前来探望，陪着喝酒聊天，为李东的遭遇鸣不平。显然，这令李东非常感动。

过了几个月，总经理东窗事发，身陷囹圄，李东恢复了财务总监一职。顿时，他的办公室门庭若市，许多同事和下属又恢复了往日的友善态度，表达问候和祝贺。此时，唯独陈鹏很少露面了，但是李东能感受到其中的人情冷暖。

随后，李东把陈鹏调到办公室，仍旧做自己的助理。一年后，李东升任集团财务总监，郭鹏被推荐为分公司财务总监的接替者。

在上面这个故事中，陈鹏很会做人做事，他在昔日领导落魄、失势的时候"雪中送炭"，赢得了对方的信赖，凸显了自己的可贵品质，为双方建立良好关系提供了契机。正是有了最初的"危难时刻显身手",陈鹏才在后来的仕途发展中左右逢源,占得先机。

人生起起伏伏,是最常见的状态。昔日的权贵今天可能变成平民,昨天的巨富可能一夜之间一贫如洗。在别人失势的时候也能伸出援助之手,这是会做人的表现,而对方有了你这位患难与共的朋友,才能在得势以后毫不吝惜地给予回报,助你成事。

祸患在不经意间降临,没有人可以阻挡。面对落魄、落难的能人,不可疏远他们,更不能落井下石。你要相信风水轮流转,终有一天,落难的人必会重见天日。有的人不懂这个道理,"有事有人,无事无人",只会攀龙附凤,缺乏人情味,这是不可取的。

人生"三十年河东,三十年河西",谁都无法永远站在山顶。但是,你可以友善地对待身边的人,无论他们职位高低、境况好坏都平等相待,自然不会树敌,甚至在某一时刻得到东山再起之人的帮助。

与暂时不得势的人交朋友,等于买原始股。与不得势的人交往,日后可能帮助自己成就大事。但是,与不得势的人交往有很大的学问,需要我们掌握好尺度和分寸,太过功利反而会事与愿违。永远保持真诚助人的心态,你的付出一定会有回报。

不屑与普通人、落难者交往,是人性致命的弱点。从长远来看,这样的人很难有大的作为和发展,因为这样做违背了人情世故的基本准则,最终会失去人心。

别瞧不起现在看来很俗的人

"醲肥辛甘非真味,真味只是淡;神奇卓异非至人,至人只是常。"大鱼大肉并非真正的美味,粗茶淡饭才是人生好滋味。在我们身边,真正超凡脱俗的人看起来也许有些傻,算不上世间真正的聪明人,但是他们不容小觑。

永远不要瞧不起那些现在看起来很俗的人,若干年后他们或许就是最不俗的人!也许,现在你处于一个优越的位置,很多人都不如你,但是你万万不可轻视他人,甚至认为对方俗不可耐、平庸至极。

事实上,他人的言行并不俗气,是你的眼光、观念有问题,才导致你看谁都不舒服。请收敛起清高、孤傲的心,也许用不了多长时间你就会发现,原来对方是个很厉害的人,只是自己当初看错了人。还有一些人时来运转,干得风生水起,你在大跌眼镜的同时会懊悔,自己最初的鄙夷竟然成了一种过错。

宋林毕业于一所著名的医科大学,在一家三甲医院做临床医生。凭借出色的业务能力,他很快在医院赢得了好口碑,令人艳羡不已。在大家眼里,宋林只要兢兢业业干下去,不久便可以成为医院的学科带头人。

然而,眼前的声望和荣誉让宋林飘飘然,竟然开始瞧不起身边的同事和领导。在一些场合,他开始以专家身份自诩,逢人便讲述自己那些惊心动魄的治病救人过程。对业务不精的同事,宋林会大声教训;对医院的实习生,他更肆无忌惮地训斥。一时间,似乎身边的人都不如他做

第06章
人心逻辑 | 不想大跌眼镜，就别对人太势利

得好。

渐渐地，宋林发现医院的同事开始疏远自己。年终评选业务骨干，自己竟然落选了。面对"不平等待遇"，宋林非常愤怒，甚至说"如果没有我，这个科室早垮了"。其实，最近医院招了一批优秀的人才，水平都很高，只不过宋林太轻视他们了。

不久，宋林误诊了一个病人的病情，结果全院上下都在讨论这件事情。接下来，全院进行会诊讨论，宋林根本不承认自己有误，逐一驳斥其他专家对该病例的诊疗建议。显然，他在众人面前失去了基本的理性。

此后，宋林在工作中变得心不在焉，处处怀疑同事瞧不起自己，或者故意和自己作对。每次岗位轮转，他都成了烫手的山芋，没有人愿意与之共事。而后来招聘的那几位医生已经成了科室的顶梁柱，在业务能力、工作作风方面远远超越了宋林。

一个人纵然才高八斗，如果放弃努力和进取，终将被后来者超越。因此，为人处世不可孤高自傲，甚至认为他人很俗。这个世界上，最不缺的就是人才。当能人满天飞的时候，你就别骄傲自大了，更不能高估自己的水平。

瞧不起现在看起来很俗的人，会让你丧失警惕和进取心。你放弃努力就等于退步，一段时间以后，对方早已经取得了突飞猛进的成功，而你还在原地踏步。究竟谁是俗气的那个人，不言而喻。

任何人和事，在时间面前都会变得微不足道。人会随着时间流逝而苍老，总会有后来者赶超你。即便你是一个才华横溢的人，也没有时间孤芳自赏，那点微不足道的"本钱"经不住时间的检验，甚至成为你不

思进取的借口，成为你堕落的原因。

世界上几乎所有具备完美人格和高尚品德的人，都是在不动声色中实现着自己的理想。其实，每个人的能力都差不多，不同之处在于你是否持续努力，让自己变得更优秀。轻视身边的人，把自己搞得鹤立鸡群，最终会被世人孤立，失去成长和进步的机会。

《菜根谭》里有这样一段话："士君子之涉世，于人不可轻为喜怒，喜怒轻，则心腹肝胆皆为人所窥；于物不可重为爱憎，爱憎重，则意气精神悉为物所制。"意思是，为人处世不能轻易地表露内心情感，也不要表现出鲜明的爱憎，否则就会受制于人，被外物限制。无论他人有什么表现，你都要态度平和，待人谦和，这才是悟透世间三昧的聪明人。

在这个世界上，没有谁比谁高雅，每个人都是俗人。即使身居高位，即使家财万贯，即使声名远播，即使众人仰慕……都不要忘了自己只是一介凡人，没什么了不起。优于常人，但说话办事表现得与常人无异，这才是高明的立身处世之道。

心存偏见的人总是弱者

偏见就好像一堵墙，那些带有偏见的人只看到了墙，看不到墙那边的土地、鲜花与河水，而且固执地到处宣扬："墙那边不可能有花朵和河流！"心性宽厚的人有长远的眼光、通达的智慧，所以及时避免了偏见的危害。在他们眼里，到处都是美丽的风景，满眼都是希望和别人的笑脸。

第06章

人心逻辑 | 不想大跌眼镜，就别对人太势利

哈兹立特说："偏见是无知的孩子。"的确如此，人一旦有了偏见，就会失去对事物公正客观的评价，脱离基本事实。而且，整天抱着偏见的人不会有太大的进步，更不会获得成功。社会上的大多数人都或多或少地抱有偏见心理，甚至连哈佛大学的校长也不例外。

一对穿着朴素的夫妇专程从外地赶到哈佛大学，他们此行的目的是想见一见这所著名大学的校长。

校长的秘书看到老夫人穿着一套褪色的条纹棉布衣服，而老先生则穿着布制的便宜西装，便轻看了对方。秘书问这对夫妇："你们预约了吗？"

这对夫妇有些底气不足，说道："没有预约。"

秘书想早点把他们打发走，接着说："校长全天都很忙。"

"我们可以慢慢地等。"老夫人答道。

随后，秘书就没再理会这对老夫妇，她断定这两个乡下人等得不耐烦了，会自行离开。没想到，过了几个小时之后，两位老人还静静地坐在那里等候。

无奈之下，秘书只好走进办公室，对校长艾里奥特先生说："有一对老夫妇已经等了几个小时了，您能见他们几分钟吗？"

校长无奈地叹了口气，点头同意了。很明显，他不愿意花几分钟时间见这两位老人。特别是当他看到老人的衣着后，更一度认为老人破坏了会客室的环境。

接着，校长板着脸，傲慢地走到老夫妇面前。老夫人首先开口了："我们的儿子曾在哈佛读了一年书，在这里的日子是他一生中最开心的时光。没想到，一年前他在意外事故中丧生了，所以我们想在校园的某个地方

盖一座建筑，来纪念他。"

听到这里，校长不但没有被打动，反而被激怒了。他粗声粗气地说："夫人，我们不会为任何一个在哈佛读过书并离世的人建雕像。"

"哦，不，不。"老夫人赶紧解释道，"我们并不是说要在哈佛建雕像，而是捐一座建筑。"

校长瞪大了眼睛，紧盯着这两个衣着朴素，甚至有些破旧的老人，然后说道："一座建筑！你们知道一座建筑要花多少钱吗？在哈佛，学校的建筑物价值超过750万美元。"

老夫人听完校长的话沉默了。过了一会儿，她转身对丈夫说："建一所学校总共就花这么点钱吗？那我们为什么不建一所属于自己的学校呢？"

于是，他们就投资建了斯坦福这所后来闻名世界的大学。

很多时候，失败并不是因为我们技不如人，也不是缺乏成功的机会，而是在心理上默认了一种固定不变或狭隘的看法。正是这种意识让人们觉得某个目标不可能实现、某个做法不被允许，从而在很大程度上禁锢了自己的思想，导致了"偏见"的产生。

偏见之于正见，二者互相伴随，有时候还会纠缠在一起，不容易甄别。摆脱偏见最好的武器是包容。一个偏见较少的人就会少犯一些错误，视野会更大一些，成功的机会也就更多。因此，学会宽容才是战胜偏见最好的方法。那么，如何拥有一颗宽容的心呢？

对于宽容，可能很难有一个准确的定义，因为它不仅是一种行为，更是一种智慧。不计较就是宽容的一个重要表现。执着于他人的错误，不仅限制自己的思维，而且会阻碍自己迈向成功。忘却也是宽容待人的一个好办法。忘却昨日的纷扰是非，忘却他人对自己的诋毁和侮辱，不用别人的错误惩罚自己，这样才能有快乐的心情。

受到外界环境影响，人们习惯戴着有色眼镜看人、做事。很多时候，你不喜欢、看不起某个人，并不代表对方真的糟糕，而是内心的偏见在作怪。所以，别被他人的情绪左右，成为一个有主见的人，你会更加成熟，并富有魅力。

学会公正客观地看待身边的人和事，并免受外界不良情绪的干扰，你才能成为一个持有正见的人，并且赢得外界的尊重。

不在失意者面前谈论你的得意

"人生得意须尽欢。"遇到高兴的事自然侃侃而谈，充分享受成功的喜悦、掌声，内心产生一丝轻狂难以避免。但是过犹不及，得意过了头会招致他人厌烦，成为大家眼中不受欢迎的对象。如果你在失意者面前展露这份得意，更容易惹恼对方，甚至四面树敌。

在失意者面前谈论自己的得意之事，是情商低的表现。你口无遮拦炫耀一时，说话不经过大脑，完全不顾听者正在失意之中，这样做事不近人情，也不通事理。只顾谈论自己的得意，却不想此时有人正失意。在失意者看来，你的所作所为就是故意的，是幸灾乐祸。除了惹恼对方，还可能埋下仇恨的种子，矛盾就这样产生了。

会办事的人懂得察言观色，开口之前照顾对方的情绪和感受。有人

| 人生底层逻辑 |

欢喜有人愁，如果不注意周围环境的变化，以及身边人的感受，很容易伤害到他人。尽管你是无心之失，但是事前不考虑周详，本身就有失察之责。

张昊是一个热心人，平时喜欢帮助朋友处理各种难题。最近，好友王凯因为经营不善，关闭了公司，妻子也因为不堪生活压力，正与他谈离婚的事。内外交困之下，王凯痛苦极了。

周末，张昊约上几个朋友到家里吃饭，自然少不了王凯。大家彼此熟识，聚到一起主要是沟通感情，并借着热闹的气氛让王凯放松心情。

前来聚餐的朋友都知道王凯目前的遭遇，所以大家都避免谈论与事业、挣钱有关的话题。然而，一位朋友上半年赚了很多钱，几杯酒下肚，他就忍不住谈论自己赚钱的本领，以及花钱的功夫。

虽然张昊多次使眼色，提醒这位朋友终止话题，但是对方根本不理会，那得意的神情让在场的人都感觉不舒服。自然，王凯心里最难过。他低头不语，脸色变得非常难看。后来，王凯一会儿去厕所，一会儿去洗脸，最后实在待不下去，干脆提早离开了。

一般来说，失意的时候郁郁寡欢是最普遍的心态。然而，他们经受不住刺激和挑拨，你口无遮拦地炫耀得意之处，本身就刺痛了他们的心，是引燃战火的炸弹。通常，失意者对你的嫉恨不会立刻显现出来，会逐渐通过各种方式发泄出来，比如说你坏话、扯你后腿、故意与你为敌。不知不觉之间，你已经失去了朋友，结下了仇敌。

俄国科学家巴甫洛夫告诫世人："决不要陷于骄傲。因为一骄傲，你们就会在应该同意的场合固执起来；因为一骄傲，你们就会拒绝别人的忠告和友谊的帮助；因为一骄傲，你们就会丧失客观方面的准绳。"

谁都会经历人生低谷，遇到不如意的窘境。这时候，在失意的人面前炫耀自己的得意之处，无异于把针一根根插在别人心上。从任何角度看，这么做都是残忍的。从建立融洽关系的角度看，你口无遮拦炫耀个人荣耀，也是不可取的。

有智慧的人内心平静，不会标榜自我，他们懂得谦卑做人、低调处事，因此走到任何地方都不会与人结怨。当然，失意者一旦东山再起，他们也不会听到对方的抱怨，不会受到对方的报复。

人总是有嫉妒心的，在失意者面前表现你的得意，会引起对方反感，甚至招来日后的报复。不在失意者面前谈论你的得意之处，这是替他人着想的友善之举。你照顾了别人的感受，让对方有面子，自然容易交到朋友，维持良好的人际关系。

以德报怨，路越走越宽

做人也好，做事也罢，最重要的是眼下打开局面，给未来铺好路。因此，无论昨天发生了什么不开心的事情，都应该着眼当下、关照明天。

《论语·里仁》有这样一句话："德不孤，必有邻。"一个人有了美德，就不会感到孤单，会结交很多朋友。人不能把自己孤立起来，真正的有德之人是生活在人群中间。有德之人的朋友遍布天下，所以得道多助。

当别人误解、伤害你的时候，不妨用一颗仁慈的心宽容对方，学会以德报怨。以德报怨，就是以恩德来报答别人曾给予自己的怨恨。显然，没有与人为善的愿望，没有博大的胸怀和宽宏的气度，不容易做到这一点。

第二次世界大战期间，一支盟军部队在森林中与敌人正面遭遇，结果两名士兵与部队走散了。随后，他们互相鼓励、安慰，在森林中艰难跋涉，寻找求生之路。

过了半个月，随身携带的食物吃光了。还好，他们打死了一只鹿，靠着鹿肉又艰难度过了几天。眼看鹿肉越来越少，而他们还没找到其他食物，死亡一步步逼近。

厄运接踵而至，他们又遇到了几个敌人，一番激战之后侥幸逃脱。刚刚到达安全地带，只听一声枪响，走在前面的年轻士兵应声倒下。后面的士兵急忙跑过来，抱着战友的身体流下泪水。幸运的是，只伤到了肩膀。

随后，两个人互相搀扶着继续往前走。尽管饥饿难忍，但是谁都没有主动吃那一小块鹿肉。绝望之际，他们被队友救了。

过了半个世纪，当年的两个年轻士兵都成了白发苍苍的老人。那个受伤的士兵曾对人说："我知道是谁开的那一枪，就是身后的战友。当他抱住我时，我无意中触碰到了发热的枪管。当晚我才知道，他妈妈生病了，正在盼望儿子回家。而他想独吞那块鹿肉，正是为了活着回家看望妈妈。我宽容了他，以后再也没有提及此事。

"遗憾的是，他还没有回到家，妈妈就去世了。后来，我们一起祭奠了老人。那一天，他跪下来，请求我原谅他，我没有让他继续说下去。此后，我们做了一辈子的好朋友，一直到老。"

有智慧的人坚持以德立身、以德服人。他们礼贤下士，谦恭有礼，用宽容心对待他人的非议、怨恨，努力追求和睦的关系。这份宽厚的美德会让他人反省自己过激的言辞，改变鲁莽的行为。反之，如果对他人睚眦必报，势必处处与人结怨，从而失去冰释前嫌的机会。

大海容纳百川，所以成就了自己的伟大；高山聚集了乱石，所以变得更加巍峨险峻。一个人必须以厚德包容他人的缺点、错误，以及外界的伤害，才可以迈开大步，走得更远。情商高的人都有广阔的心胸，懂得以德报怨，所以他们能够得到众人相助。

你与他人之间的误会和矛盾，当时看似天大的仇怨，日后再想想，其实根本不值一提。如果当时不能以德报怨，而是睚眦必报，那么双方的关系就好不到哪里去。做不到宽待身边的人，你会寸步难行。

"以恨对恨，恨永远存在；以爱对恨，恨自然消失。"即使是一个心胸非常宽广的人，也往往难以容忍别人对自己的恶意诽谤和伤害。唯有以德报怨，把伤害留给自己，埋在心底，以大度宽广的胸襟包容一切，才能赢来一个充满温馨的世界和明天。

少一个敌人，多一条出路

一个人在社会上闯荡，如果想获得更大更好的发展，一定要多结交朋友。有了朋友的帮助，就会有更多选择。不与人树敌，少一个敌人等于多了一个朋友，也就多了一条出路。

生活中难免与他人发生误会，也许因为很小的事情就闹得不愉快，此时万万不可只顾眼前利益而与人结怨。仔细想一下就会明白，其实只是微不足道的小事，没有必要闹得不可开交。如果因此关系不睦，那做人的格局也太小了。

四面树敌的人，不知不觉中堵死了一条路，让自己的发展空间越来越小。仇恨让你增加了一个敌人，也加重了生活的不安与忧虑，既不利人也不利己。相反，退一步你会发现海阔天空。因此，不妨主动伸出和解之手，化解彼此心中的怨愤，重新找回融洽的关系。

凯文与强尼住在乡村。小时候，他们为了争抢玩具大打出手，从此见面不再说话。随着年纪增长，两个人慢慢懂事了，想恢复往日的友谊，但是没有人主动开口。

这一天傍晚，凯文与强尼放学回家，恰巧在路口碰上了。大家彼此看了对方一眼，就各自匆匆赶路了。两人一前一后走在小路上，相距约有几米远。

当时，天色已经晚了。突然，强尼听见走在前面的凯文"哎呀"一声惊叫。原来，凯文掉进溪里了。

强尼连忙跑过去，心想："走路这么不小心，今天要救你一命！"看到凯文在溪里浮浮沉沉，双手在水面上不断挣扎着。这时，强尼急中生智，急忙找到一根树枝，迅速递到凯文手中。

凯文被救上岸后，感激地说了一声"谢谢"。猛一抬头，发现救自己的人居然是强尼。凯文疑惑地问："你为什么要救我？"强尼说："为了报恩。"凯文一听，更疑惑了："报恩？这是怎么回事？"

强尼说："因为你救了我啊！今夜在这条路上，只有我们两个人一前一后行走。如果不是刚才你遇险时喊了一声，第二个坠入溪里的人肯定是我。所以，我哪有知恩不报的道理呢？"

此刻，月亮从乌云里露出脸来。在月光的照射下，地面上映着强尼与凯文的影子，当年曾互相打斗过的两双手，此刻紧握在一起了。

林肯总统对政敌素以宽容著称，后来终于引起一名议员的不满，议员说："你不应该试图和那些人交朋友，而应该消灭他们。"林肯微笑着回答："把他们变成我的朋友，不正是在消灭敌人吗？"多一些宽容，公开的对手或许就是我们潜在的朋友。

朋友和敌人是一个演变的过程，就像一切事物会从量变到质变。同一个人可以变成朋友，也可以变成敌人。主动与对方修好，缓和彼此紧张的关系，就等于少了一个敌人，多了一条出路，这是最有价值的自救之道。

| 第 07 章 |

◆

成长逻辑

持续进步来源于不断突破困境

没有横空出世的幸运,只有不为人知的努力。虽然生活泥沙俱下,但是我们仍要循着光亮奔跑,与属于自己的时代亲密拥抱。强大且自信,勇敢突破眼前的困境,才不会辜负时间的期许。

接受生活的礼物，不论好坏

　　对大多数人来说，一生中的某些阶段总是与痛苦相伴。仿佛就在一夜之间，所有的快乐都消散得无影无踪，迎面而来的是无尽的痛苦和折磨。面对生活给予自己的东西，你没有选择的权利，唯有勇敢接受这份礼物，不管它是好是坏。

　　世界上没有人不曾遇到过挫折，在陷入人生的困境时，是沉沦还是奋进，取决于你对挫折的认识。挫折固然会给人带来痛苦，但也能够让人有所收获。如果你能认识到挫折的两面性，那么挫折对于你来说，就是宝贵的财富。

　　人生道路上，风风雨雨，坎坎坷坷，酷暑严寒，没有谁能逃避得了。其实，在人类发展史上，每一项成就，每一次前进，都伴随着无数的磨难与挫折，几乎任何一个进步都是挫折带来的。

　　对强者来说，许多不期而遇的磨难帮他们练就铮铮铁骨，而对弱者来说，困苦艰辛给予他们的只是无限的畏惧与退缩。心中充满希望之人，人生道路上的挫折是块石头，可以填平陷阱，也可以成为攀爬的垫脚石；懦弱胆怯之人，视挫折如洪水猛兽，躲避不及就会被囫囵吞掉。

　　老子告诫人们要学会辩证地看问题，"祸兮福之所倚，福兮祸之所伏"。遭遇人生困境的时候，换一种心态去面对，也许能够看到不一样的风景。眼前的磨难和困苦，何尝不是"天将降大任"之前的磨砺呢？

　　苦难会带来悲伤和眼泪，但是也给我们提供了磨砺心志的难得机会。

失明的人，用耳朵倾听曾经错过的美妙音符；失恋的人，可以有更多时间与朋友和家人相处。这个世界上没有完全糟糕的事情，是喜是忧完全取决于一个人的心态。

很多人容易被挫折击垮，对生活失去信心。面对失意和打击，应该问问自己的心，究竟想要什么。不妨趁此机会给自己放个假，去看看外面的世界，在拓宽视野的同时重新认识人生。

生活是一位智者，赐予你各种礼物；无所谓好与坏，完全在于你如何看待它们。人们往往认为危机会带来危险、失败、痛苦和绝望，然而与之相伴的也有机会与希望。有智慧的人不会自暴自弃、怨天尤人，而是转变心态，用包容的胸怀接纳生活馈赠的一切。

一个不争的事实是，生活充满了种种遗憾，任何人都无法做到尽善尽美。维纳斯虽然断臂了，却成了举世闻名的艺术作品。也有艺术家尝试复原她的双臂，结果从来没有成功过。真正完美的事物是根本不存在的，过于苛求就是和现实过不去，给自己找麻烦。

每个人都会有完美的幻想，所不同的是，一部分人认识到完美是根本不存在的现实，而另一部分人则成为完美幻想的奴隶，并被它绑架而整天烦闷不已。实际上，我们会成为怎样的人，完全取决于自己的内心，如果一直在不完美的现实中追求完美，那无异于缘木求鱼，自寻烦恼。

不完美正是生活的精彩之处，因为不尽如人意所以才会孜孜以求，力图做到更好，因为不完美，所以才有完整与残缺的对比，从而更加珍惜生活中的美好。世界上没有绝对的好与坏，过度的苛求只能带来消极的不良情绪，正确面对残缺才是最为明智的生活态度。

你是不是缺乏自控力

在这个喧嚣的世界里，人们很容易受到一些因素的干扰，以至于难以听到自己内心的声音，难以按照正常的人生道路前行。如果想免受周围事物的干扰，在成长之路上不断超越自我，那就需要强大的自控力。

歌德说："谁不能克制自己，他就永远是个奴隶。"这里所说的克制，是掌控个人情绪、状态的能力。自古代的伟大先哲孔子、老子、亚里士多德，到近代的哲学家，他们都形成了一个共识："美好的人生建立在自我控制的基础上。"

虽说具备自控力的人，才有可能走向成功，拥有完美无憾的人生。但是，大多数人都缺乏这种能力，他们也因此失去了各种各样的机会。

有个商人想招一名助手，不过招聘方式有些与众不同。他在商店的窗户上贴了一张别出心裁的广告："招聘一名有自控力的男士。每星期40美元，合适者可以拿60美元。"

安德森来应聘，他忐忑地等待着，终于轮到自己出场了。那个商人问他："你能阅读吗？"他答道："能，先生。"于是，商人把一张报纸放在安德森的面前，说："你能读读这段文字吗？"

安德森说："可以，先生。"

商人接着问："你能一刻不停顿地朗读吗？"

安德森答道："可以，先生。"

"很好，跟我来。"商人边说边把安德森带到他的私人办公室，并

第07章

成长逻辑 | 持续进步来源于不断突破困境

关上了门。然后,他把那张报纸递到安德森的手上。

没想到,就在安德森开始阅读的时候,商人放出了5只可爱的小猫。没过多久,这5只小猫就跑到了安德森的眼前。

之前,有75个应聘者在阅读的时候,都因缺乏自控力而忍不住偷偷看可爱的小猫;结果因视线离开了阅读材料,而被商人淘汰。但安德森有着超强的自控力,他始终没有受到这几只小猫的干扰,一口气读完了材料。

商人高兴地问安德森:"你在读书的时候没注意到旁边的小猫吗?"

"是的,先生。"安德森答道。

商人又问:"你知道它们的存在吗?"

"是的,先生。"安德森继续答道。

"那你为什么不看它们?"商人追问道。

"因为我答应过你要不停顿地读完这一段,我得遵守诺言,先生。"安德森说。

商人听了安德森的话以后高兴地说:"你很有自控力,你就是我想要的人。"

如何才能拥有自控力呢?自控力的获得并不依赖于外界和环境的影响,而是靠自身内在的力量。例如,当你愤怒或者伤心的时候,可以暂时将眼前的事情放一放,去做自己喜欢的其他事情,等平静下来之后再着手处理。

想要提高自控力,就不要把坏习惯当作敌人,而应看作朋友。只有心平气和地和坏习惯做朋友,你才能控制它们,趋利避害。此外,提高自己的思想素质，人就会变得从容很多，从而善于调节、控制自己的情绪和行为。

马克·吐温说过一句话，阐述了如何做到自制："关键在于每天去做一点自己心里并不愿意做的事情，这样，你便不会为那些真正需要你完成的义务而感到痛苦，这就是养成自觉习惯的黄金定律。"

控制好情绪是一生的修行

"情绪"到底是什么，来自哪里？《牛津英语词典》给出了这样的解释："情绪是一种不同于认知或意志的、精神上的情感或感情。它是主观意识的经验，会影响人的行为。"

从心理学的角度分析，情绪是"人对于自我需要或意图满足情况所产生的反应"。具体来说，包括生理变化、主观感觉、表情特征、行为冲动等内容。也就是说，情绪的表达是从生理、心理到表情、动作的连锁反应。

比如，一个人遭到羞辱以后，身体立刻会出现一系列变化——心跳加快、血流加速、呼吸急促等，这是情绪的生理变化。然后，他会觉得非常不舒服，从而感受到"我生气了"，这是情绪的第二阶段。接着，进入情绪的第三阶段——产生相应的面部表情和动作，比如眉毛紧皱、嘴角下垂、肌肉紧绷等。

霍华德经营医疗器材生意，平时工作很忙，有时候甚至接连几个星期都在外地。也许是因为陪伴家人的时间太少了，儿子越来越叛逆，令人十分头疼。

有一次，他从外地回到家，本想洗个热水澡，好好睡一觉。不料，学校打来电话，说他儿子已经连续三天逃课。听到这个消息，霍华德大为恼火。他气急败坏地在客厅里喊儿子的名字，遗憾的是没有人回应。推开儿子卧室的门，里边空无一人，他不得不外出寻找。

后来，霍华德在附近的一个篮球场找到了儿子，顿时大发雷霆。回到家，他已经十分疲倦，但儿子丝毫没有认错之心，甚至一进门就跑回卧室，并锁上了房门。

此时，电话响起，助理询问新开发的产品对外如何报价。尽管霍华德接电话的时候平复了一下情绪，但说话的语气并不友好，三言两语后便匆匆挂断了电话，并索性拔掉了电话线。

第二天，霍华德回到公司，才发现昨天失去了一单大生意。原来，一家客户对公司的新产品感兴趣，所以助理打来电话询问报价。霍华德正在气头上，三言两语搪塞过去，并拔掉了电话线。最终，生意泡汤了。

情绪是难以捉摸的东西，令人猝不及防。心理学家研究发现，所有人都有六到八种基本情绪，包括愤怒、快乐、悲伤、恐惧、厌恶和惊讶，它们是人类与生俱来的语言。

今天，研究各种情绪是如何被感知并表现出来的，有助于理解人类的感情生活与心理体验，从而充分地认识自己、了解他人，与周围的环境建立更紧密、融洽的良好关系。

情绪盘踞在体内，操控了每个人——或高兴，或伤心，或生气，或焦虑，支配着人们做出种种怪异的、不可理喻的非理性举动。认识并理解情绪，有助于掌控自我、迈向卓越。

事实上，工作和生活从来都不是一帆风顺的，喜怒哀乐是它的底色。但是，一个理智的人不会让负面情绪影响到自己的决策和判断。对每个人来说，读懂情绪并学会自我控制，是一生的修行。

沉住气，人生没有翻不过的山

在人生旅途中，每个人都要受到命运之神的捉弄，它让你烦恼、痛苦、屈辱。面对人生的诸多问题，许多时候我们是无能为力的。这时候，你要沉住气，坚守内心的理想，迎接转机。

控制自暴自弃的冲动，不消极颓废，也不逃避事实。那么，你就能不屈于命运之神的诱惑，在沉默中悄然树立远航的信念。

沉住气的人可以把难熬的寂寞、怨愤、艰辛强压在心底，不使心灵的天平倾斜；沉住气可以让你相信寒冰终能解冻，春天必会来到，暴风雨过后的天空更加美丽。倔强的心灵在低调中磨炼，坚强的意志在忍耐中生成，强大的爆发力在忍耐中积蓄。

如果你能沉住气，即使面对人生的无奈也能守住阵地，迎接新的转机来临。反之，遇事沉不住气，做人太情绪化，不利于成就事业，只会让你错失良机。

最近，杰克的公司发生了一件离奇的事故——有人在电梯里遇难。据说，死者的表情很惊恐，像是被吓死的。结果，这件事情传得沸沸扬扬。

有人猜测，是检修人员失误才导致这次事故；还有人猜测，可能是因为当时停电了，然后他被困在电梯里，因为缺氧导致死亡。不管什么原因，一个鲜活的生命消失了，的确是一种遗憾。

最后，调查人员给出了结论，这个人是因为惊吓过度，导致突发心脏病猝死。也就是说，当时一下子陷入黑暗，又无法自救，当事人因为过分惊恐遇难。

遇事慌乱的人失去了最基本的理性分析和判断，又如何迎接更艰巨的挑战和考验呢？面对危难处变不惊，才能妥善应对眼前的一切。

人生在世，一步一步向前走，其实就好像爬山一样，当你筋疲力尽地爬到山顶，以为接下来就是平坦大道，也许出现在眼前的是一片沼泽。难道因为害怕就不走了吗？不，请继续坚定地走下去。沉住气，保持情绪稳定，更伟大的胜利在等候你。

福楼拜曾经对学生莫泊桑说："天才，无非是长久的忍耐！努力吧！"高耸的丰碑、辉煌的业绩都诞生于忍耐之中，生命的负债往往正是生命辉煌的开始。当你陷入痛苦的深渊又无法扼住命运的咽喉时，要心平气和地接纳当下所处的弱势，然后发愤图强，争取早日冲破牢笼。

沉住气的人能有效控制心性，不被外界打扰，所有的痛苦都能在忍耐中得到淡化，所有的眼泪都能在坚忍中化作轻烟。这样的人生，想不精彩都难！

即便前面是沼泽，沉住气，想想办法，一样可以一步一个脚印地趟过去。最重要的是有一颗淡定的心，学会在忍耐中锲而不舍地追求，学会不屈服于种种障碍，继续不停地做自己分内的工作，从而笑到最后。

忍受生命中的那份悲伤

挫折感往往来自失败，它是人们在从事有目的的活动中受到干扰或阻碍，致使其动机不能获得满足时的情绪状态。具体来说，挫败感的症状是焦虑、多梦、厌世、冷漠。这会影响到正常的学习、生活与工作。

对奋斗者来说，失败就像家常便饭。你可以有一时的挫折感，但是不能让它掌控你的心灵，并由此变得灰心失望。忍受生命中的那份悲伤，积极主动应对眼前的挑战，你的人生才会变得不同凡响。

美国总统林肯因解放黑奴，实现了国家统一而令人敬仰。有谁能够想到，他在当选总统之前经历了无数次失败，饱尝了人间辛酸。令人敬佩的是，林肯有一颗强大的心，没有被一次又一次的挫折击垮，而是在跌倒后坚强站起来，最终实现了自我价值。

1832年，林肯还是一位普通的职员，不久就失业了。这让人很伤心，但是他很快就调整好心态，告诉自己不适合做这一行，还是立志成为一名政治家吧！随后，他决心竞选州议员。

糟糕的是，林肯初出茅庐，并不被民众看好，于是在竞选中败北。接连受挫，让这个年轻人感觉有些无助。还好，他没有对生活失去信心，决定来年再次参加竞选。

到了第二年，林肯竞选成功了，一时间信心大增。他认为，自己在政治这条路上一定能够走得更远。

第07章
成长逻辑 | 持续进步来源于不断突破困境

1835年，林肯订婚了，然而在举办婚礼的前几天，未婚妻不幸意外去世。这对林肯来说，无疑是一次巨大的打击。他心力交瘁，卧床不起，甚至患上了精神衰弱症。三年后，他才从丧妻之痛中走出来。

面对新的生活，林肯给自己设定了更高的目标——竞选州议会议长。事情远非想象的那么简单，这一次他又失败了。1843年，林肯又参加了美国国会议员的竞选，同样遭遇失败。这时候，他已经变得成熟稳重，能够淡然面对各种境遇了。

失败是迈向成功的必经之路，没有挫折，显然无法拥抱胜利。林肯这样激励自己，准备迎接更大的挑战。1846年，他再次竞选国会议员，终于成功当选。两年任期结束后，他想连任，结果遗憾落选。为此，还赔了一大笔钱。

1854年，林肯再次参选议员，遭遇失败。两年后，他又竞选美国副总统，被对手一举击败。面对接二连三的失败，林肯不服输、不埋怨，始终没有放弃为理想努力。一直到1860年，他终于当选为美国总统。

试想，如果林肯不能及时调整心态，正确面对数次的人生挫折，那么美国就会少一位伟大的总统。面对残酷的挫折与打击，唯有坚定信念，积极乐观地迎接挑战，人生才会迎来转机。

消极悲观的人很脆弱，经不起丝毫风吹草动，面对逆境自怨自艾。他们在不良情绪的控制下过早承认失败，让人生的后半场变得枯燥乏味，毫无精彩可言。

人们都渴望一生平平安安、诸事顺利。然而，命运总是喜欢捉弄人，似乎饱尝艰辛后才能获得幸福、成功。既然人生境遇无法掌控，那就做一个情商高的人，坦然接受一切磨难与困厄，强健筋骨，拓展心胸，让人生经历一次波澜壮阔的自强旅程。

"人的生命似洪水在奔腾，不遇到岛屿和暗礁，难以激起美丽的浪花。"汪洋大海中，暗礁随处可见，不能因为一块石头就对生活失去信心。让挫折从绊脚石变成垫脚石，你会看得更高，走得更远。

你比想象中的自己更强大

每个人都曾遭遇过悲伤，也曾迷失过方向，但是只要心还在跳动，就还有希望。遇见任何磨难，都不要轻言放弃，因为你远比自己想象的强大。

大文豪莫泊桑说过："生活不可能如你想象的那么好，但也不会如你想象的那么糟。人的脆弱和坚强都超乎了自己的想象。有时，我可能脆弱得一句话就泪流满面；有时，也发现自己咬着牙走了很长的路。"

凯洛琳生活在纽约上东区，母亲早年离世，父亲是有名的风投家。可以说，她是含着金汤匙出生的，从小到大没有经历过一天苦日子。她甚至不知道有公交车，因为出门都是司机专车接送。

此外，凯洛琳在贵族学校读书，结交的朋友也都是商界、政界名流的子女，还有好莱坞的明星。在他人看来梦幻般的生活，对凯洛琳来说却是极其平常的日子。然而天有不测风云，父亲因为商业诈骗被捕入狱，所有财产全部用于还债，并且仍然欠了一大笔债务。

第07章
成长逻辑 | 持续进步来源于不断突破困境

突如其来的剧变让凯洛琳不知所措。大别墅不见了,小跑车也没有了,甚至连漂亮名贵的衣服、珠宝也都被没收了。更悲惨的是,曾经的朋友都和她划清了界限。一夜之间,生活天翻地覆,凯洛琳不得不从富人区搬到了贫民区。

起初,凯洛琳以为自己肯定过不了这种平民的日子,绝对熬不过没有大把金钱的生活。可是,为了给父亲还债,她不得不找了一份快餐店服务员的工作。刚开始的时候,她手忙脚乱,不是记错了订单,就是打翻了茶杯,经常被经理责骂,还要被扣工资。起初,凯洛琳只是委屈地哭,但是很快发现这根本没用。无论怎么哭泣,也要把烂摊子收拾干净,并且不会因为眼泪而得到别人的同情。

随后,凯洛琳变得坚强起来,做事效率也高多了。她把在高等学府培养的气质带到工作中,结果受到顾客的喜爱。渐渐地,她竟成了店里的招牌,可以独当一面了。她不再哭泣,虽然偶尔还被责骂,但是已经学会了在逆境中成长。

三年后,凯洛琳完全不再是富家千金的样子,她凭借出色表现得到总公司赏识,最后做了店长。回顾这段日子,凯洛琳从没有想过自己可以熬过来。刷盘子、扫地、收钱,一天微笑十几个小时,这些几乎是她从来没做过的事情,现在居然可以做得这么得心应手。凯洛琳说:"我从来没有想过,自己可以这么强大。即便是家里破产,也没能打垮我。"

过惯了奢华的生活,当这一切都不存在了,不必恐惧。也许你认为自己无法忍受平常的日子,但是只要有勇气面对,就会从容应对未来的挑战。

人的潜能是无限的，有待慢慢发掘。艰难困苦可以磨炼人的意志，在危机中有重大发明或发现的情况屡见不鲜。战胜危机的人是那些敢于超越自己，而且没有被危机征服过的人。一旦你有勇气直面困难，呼喊它的名字，一切就变得不再可怕。

　　对过去不必悔恨，对未来不必恐惧。坦然接受眼前的事实，尝试努力应对挑战，没有什么能阻挡你前行的步伐。找到那个具有强大生命力的自我，没有人可以否定你的能量，只不过你不曾发觉而已。

| 第 08 章 |

◆

取舍逻辑

拿得起是一种勇气，放得下是一种胸怀

不必站在50岁的年龄，悔恨30岁的生活；也不必站在30岁的年龄，悔恨17岁的爱情。人总要跟自己握不住的东西说再见，当你学会了断舍离，意难平终将和解。

懂得割舍，反而能收获更多

人类的情绪千姿百态、多种多样，无论快乐、惊讶、恐惧，还是伤心、愤怒、厌恶，都是日常生活中不可缺少的插曲。然而，产生过多的负面情绪终究不是好事，它会让我们陷入无尽的烦恼中。

比如，听到一句攻击性或侮辱性的话，人的交感神经系统会兴奋起来，体内分泌出肾上腺素，然后心跳加快、血压升高，呼吸变得急促，随之产生愤怒。长期沉浸在负面情绪中，烦恼挥之不去，久而久之会影响身体健康。

33岁的时候，约翰·D.洛克菲勒赚到了人生第一个100万美元。43岁，他成立了"标准石油公司"，它日后发展成世界最大的垄断企业。然而53岁那年，他却因为焦虑、恐惧和高度紧张，身体健康每况愈下。

当时，洛克菲勒患上了严重的失眠症，而且消化不良，精神趋于崩溃。医生警告他，必须在死亡和退休之间做出选择。最终，洛克菲勒选择了退休，并下决心"不在任何情况下为任何事烦恼"。

遵守这一生活准则，洛克菲勒保住了自己的性命。他不再忙于工作，学会了打高尔夫球、唱歌，和邻居聊天，有时间还会打理后院。此外，他还坚持做一些更有意义的事情——把数百万财富捐出去，为更多的人提供帮助。

得知密歇根湖岸边的一所学校因为抵押权而被迫关闭，他立刻展开援救行动，最后将它建设成举世闻名的芝加哥大学。

洛克菲勒尽力帮助黑人，也帮忙消灭十二指肠寄生虫。后来，他专门成立了一个庞大的国际性基金会，致力于消灭全世界各地的疾病、文盲及无知。在他的资助下，医学界发明了盘尼西林，并进行了多项技术创新。

当"标准石油公司"被政府勒令支付史上最重的罚款时，洛克菲勒只是淡淡地说："哦，不用担心，我正准备好好睡一觉。"没有人能想到，多年前他曾因损失 150 美元而卧床不起。

这就是洛克菲勒，经过不懈努力终于克服了人生烦恼，并开创了"死于" 53 岁，但一直活到 98 岁的传奇。

真正的快乐与财富、地位、权力没有直接关系。恰恰相反，过分追逐名利、陷于繁杂的事务中会令人情绪失衡、身心疲惫，终日与烦恼为伴。保持良好心境与合理欲望，把烦恼抛在脑后，平日里大部分负面情绪会随之化解，整个人也会变得轻松自在。

心理学家做过一个实验：每周末的晚上，被测试者把未来 7 天担忧的事情写下来，然后投入一个纸箱里；三周后，心理学家打开纸箱，与被测试者逐一核对每项烦恼，结果其中 90% 的事情并没有真正发生。

随后，心理学家让每个人把剩余的令人担忧的事情写到纸条上，重新丢入纸箱中。又过了三周，让他们再次查看以前担忧过的事，并寻求解决之道。结果，大家开箱后发现，剩下的烦恼已经不再令人忧虑了，因为他们已经有能力应对了。

可以毫不夸张地说，烦恼都是自找的。据统计，生活中的忧虑有 40% 属于过去，有 60% 属于未来；而 90% 从未发生过，剩下的 10% 都能轻松应付。

每个人都有七情六欲和喜怒哀乐，烦恼也是人之常情。但是，每个人对待烦恼的态度不同，所以各种负面情绪对人的影响也不一样。积极乐观的人很少自找烦恼，而且善于淡化烦恼，因此活得轻松、洒脱；而消极悲观的人喜欢自寻烦恼，纠结于某些人和事，终日闷闷不乐。

人生少不了各种麻烦，但是万万不可自寻烦恼。一旦遇到不顺心的事，不妨勇于承认现实，努力看开一点，积极寻求解决之道，重拾快乐和幸福。请记住一句话：烦恼就像天空的一片乌云，如果心中是一片晴空，那么它不会对你产生任何影响。

患得患失的人不得安宁

患得患失是浮躁的一个重要表现形式，一味地担心得失，对事情斤斤计较，整个人生好像背上了一道沉重的枷锁。

有的人在做事前要反复考虑，完事后仍然放心不下，对各个细节都很在乎；而且，一旦有什么差错，非常担心外界的负面评价。他们一直被患得患失的阴影所笼罩，人生中没有一刻安宁。

而当他们有所成就的时候，原有的信心、快乐也会突然消散殆尽，他们甚至怀疑自己的能力，随后开始瞻前顾后。已经发生的事情就不必放在心上了，凡事多一些豁达，自然会更轻松。因为患得患失而处处忧心，这样的生活有什么乐趣呢？

古代欧洲有一个神箭手安德鲁，无论立射还是骑射他都可以百发百中，从不失手。英国国王邀请安德鲁做客，想一睹神技。国王派人在花园中竖立一个兽皮的箭靶，靶心只有眼睛大小。

国王说："请展示一下你的本领吧！为了让这次表演更加精彩，我来定一个赏罚规则：你有三次射箭机会，如果你射中了，会得到黄金万两；如果射不中，你将丧失以往的名声。现在，请开始吧！"

听了国王的话，安德鲁顿时脸色变得凝重，心中不再那么轻松了。他慢慢抽出一支箭，搭上弓弦摆好姿势，开始瞄准。如果在平时，他根本不用如此小心，随手一箭就可以射中靶心。但是这一箭不同，胜负有明确的赏罚。想到这里，安德鲁心跳加速，甚至拉弓的手也开始微微颤抖。

安德鲁花了很长时间瞄准，几次想把箭射出去，却又收回来继续瞄准。反复多次之后，他终于下定决心射出一箭。结果，箭没有命中靶心，偏离了足有三四寸。顿时，安德鲁心情紧张起来，焦急之下后面两箭竟然也没有射中靶心。

最后，安德鲁满脸羞愧地收起弓箭，离开了王宫。对这个结果，国王也非常失望，但是又心存疑惑，就问大臣："听说他射箭技术高超，百发百中，为什么今天看来这么平常，难道是名不副实吗？"

作为欧洲有名的神箭手，安德鲁在得失面前发挥失常，更何况是一般人呢！避免患得患失，少不了一颗平常心，要不被外物干扰。能够做到这一点，自然能保持良好的心境，收获积极乐观的情绪。

（1）别把得失放在心上，要知足。每个人都会与他人比较，有些人在比较之后心理失衡，产生妒忌心理，陷入患得患失的不良情绪中，扰乱了正常的生活。看淡得失，努力做好自己，自然会发挥正常能力和水平。

（2）做真实的自己。走自己的路，就不会被患得患失所困扰。人生的忧愁一直存在，我们不能因为患得患失再给自己增添更多的烦恼。走自己的路，看淡外界的评价，能多一份坦然。

（3）看轻名与利。人生短暂，名与利就像虚幻的梦境，有时候并不可靠。许多人为了一时的名利放弃内心的真实意愿，到头来得不偿失，只留下深深的遗憾。请牢记，人生最有价值的不是名和利，而是自己的生命与理想。

遇事优柔寡断，无法掌控自己的情绪，就会变得郁郁寡欢。清楚自己需要什么，想得到什么，应该放弃什么，而后努力行动，就容易有所收获。

放不下是所有烦恼的根源

人们对得不到的东西过分追求和渴望，并为此苦苦坚持，自然会心生烦恼，变得焦虑不堪。从根本上说，烦恼和焦虑是自我施压的结果。

放弃那些不切实际的想法，过好当下的日子，学会面对现实，就能减少大部分焦虑。有的人为了某个目标奋斗一生、拼搏一生，但是当他得到自己想要的一切后，却发现不过如此，而生命已经因为早年的奋斗消耗一空，失去了太多其他美好的东西。

在平常的日子里，一个人需懂得自问，明白内心真正需要的是什么，哪些是可以放弃的。能够舍弃某些不必要的东西，减少心头的贪念，就

第08章

取舍逻辑 | 拿得起是一种勇气，放得下是一种胸怀

能消除内心的焦灼感，让身心变轻松。

有一个小男孩把手插进一个上窄下宽的花瓶中，结果拔不出来了。看着孩子痛苦的表情，妈妈用尽了各种方法，试图把卡住的手拿出来，但是没有成功。稍微一用力，孩子就会疼得哇哇大哭。

看来只有把花瓶打碎，才能帮助孩子脱困。这个花瓶是一件收藏很久、价值连城的古董，如果打碎了实在可惜。不过为了救孩子，妈妈顾不上这些了。

花瓶打碎了，孩子的手平安无事。妈妈让孩子把手伸出来，看看有没有受伤。奇怪的是，男孩始终紧握着拳头，好像无法张开。难道是被困得太久了，手抽筋了？妈妈再次变得惊慌失措。

男孩的手终于张开了，里面是一枚硬币。原来，男孩为了拿花瓶中的硬币，才卡住了手，而他始终无法从花瓶中拔出手来，是因为拿着硬币不肯放手。

故事虽然很简单，却耐人寻味。在我们身边，许多人像这个孩子一样，放不下到手的职位、待遇，整天四处奔走，最后荒废了事业。有的人经不住金钱的诱惑，费尽心思一夜暴富，却常常作茧自缚。内心的焦灼、惶恐、烦恼，都与"放不下"有莫大的关系。

人生有很多美好的事情，也有很多美丽的风景，不要为了虚名放弃这些实实在在的东西。否则，焦虑、忧愁总会伴随左右，让人生徒增烦恼。人生就像一艘远行的船，总是在不停地装货、卸货，船上不能有太多的负重，否则船就会沉没。那些不属于自己的东西，该放下时就放下，不要被其拖累。

| 人生底层逻辑 |

对每个人来说，学会放下是一种了不起的能力，也是获得幸福人生必须具备的智慧。在关键时刻能够拿得起、放得下，善于忘记那些不愉快的事情，你就离幸福不远了。

断舍离能治愈一切焦虑

一位哲人说："人生如车，其载重量有限，超负荷运行会促使人生走向反面。"人的生命有限，而欲望无限。为此，我们需要斩断不必要的烦恼，舍弃强加给自己的负荷，逃离舒适区，才能告别焦虑，从容淡定过一生。

海伦·凯勒在《假如给我三天光明》这本自传中说，人们都会选择做最关键、最紧要的几件事，甚至只有一件事。让那些平时在脑海中盘旋的杂念瞬间被理智抽走，只有最重要的事情能牵动你的注意力。

在做出选择之前，我们要牢记人生的真谛——抛开束缚，过减法人生。学会做减法，可以有效拓展人生的厚度和高度。

然而，许多人一直在做加法。对权力的渴望，对金钱的贪念，对成功的痴迷，让人们给自己设置了很多标准和束缚。人生就像一个容器，里面添加了各种庞杂的事物，有的必不可少，但更多东西是一种负荷。

在亚洲西部，阿拉伯人和犹太人聚居在巴勒斯坦。距这个国家不远的地方，有两个"海"世界闻名。其中一个是淡水海，里面有鱼、虾和各种海藻，阳光能够透过海水照到水底的贝壳上。绿色的树木点缀着河岸，树木的枝叶覆盖着河面,树木的根部吸着甘美的淡水。它的源头是约旦河,从山上流下来的河水带着飞溅的浪花,让这里变成了乐园。因为中东地区的水源非常珍贵,人们都是依水而生,所以这个海被当地人称为"生命之海"——加利利海。它在阳光下歌唱,人们在周围盖房子,还有鸟类筑巢,每种生物都因它而更幸福。

此外,约旦河作为一条重要的水源在流经胡拉湖、加利利海之后,在下游河段变得蜿蜒曲折,最终流入另一个海。约旦河的终点没有鱼,没有树叶摇摆,没有鸟儿歌唱,也没有孩子欢笑,更少有旅行者驻足。这里水面空气凝重,没有哪种生物愿意在此饮水,这个海是"死海"。

人们都有这样的疑问,这两个海彼此相邻,为何如此不同?显然不是因为约旦河,它将同样的淡水注入。不是因为土壤,也不是因为周边的国家。研究发现,区别在于加利利海接受约旦河,但没有把持不放。每流入一滴水,就有另一滴水流出,接受与给予同在。

相反,死海由于海拔低,只接受约旦河的水却没有流出,因而海水的盐分过高,是一般海水的8.6倍。所以,死海没有潮起潮落,波澜不惊。岸边没有惊鸿照影,不见沙鸥翔集;水里也没有水草浮动,不见锦鳞游泳,连小鱼小虾也不见踪影。

加利利海适时做减法,不仅给予了别人生机,还让自己成为活水,因而生气勃勃。死海只做加法不做减法,盐分含量变高,连生物都无法生存了。人生也是如此,要尝试着做减法,给心灵留出自由的空间。

人要学会成长,就必须当舍则舍、当断则断,脱掉厚重的行囊轻装上阵。为此,请大胆抛开一切束缚,学会过减法人生。以一种平和的心态面对生活，不以物喜，不以己悲，不做世间功名利禄的奴隶，也不为凡尘中的各种忧愁神伤，才能真正迈向成熟。

学会从人生舞台体面地退场

每个人在年轻的时候都充满了活力与朝气，敢于拼搏，无畏艰险。这种开拓进取的精神让人生充满力量，也带来事业上的成功。然而，凡事都要知进退，成功之后过度自信，认为自己做什么事情都是正确的，往往会走错路。

已经到达人生高峰，眼前的位置已经没有留恋的必要，不妨果断选择退场。当然，这样做会失去原来的繁华、荣耀和掌声，那种孤寂之感无法避免。然而，没有一个人可以永远停留在高峰，花开花谢才是生命的规律。

做任何事都要遵从应有的规律和逻辑，在奋进努力的道路上既要懂得前进，还要学会止步与后退。懂得功成身退，顺应形势而为，其实是一种大智慧。反之，过于执着于不属于自己的东西，反而会平添许多尴尬和遗憾。

尼克松在任期间，发生了震惊世界的"水门事件"，成为美国政坛上最大的丑闻。最后，尼克松被迫辞职下台。当时，这位总统的欲望太多了，不懂得适可而止，结果只能从政坛上灰暗地退场。

1972年，美国总统大选在即，已经坐了四年总统位置的民主党领袖尼克松，开始谋划连任。这一年，民主党内的竞争十分激烈。于是，他

第08章

取舍逻辑 | 拿得起是一种勇气，放得下是一种胸怀

导演了"水门事件"。

水门大厦由一家五星级饭店、一座高级办公楼、两座豪华公寓楼组成，美国民主党总部就在此地。1972年6月17日，水门大厦的保安下班时，无意中看到办公室有灯光，于是马上通知了相关人员，结果发现5个人在安装窃听器并偷拍文件。结果，5个人当场被捕。

这件事虽然在当时没有引起太多的关注，但是《华盛顿邮报》两位记者持续深入调查，最终真相大白。原来这是尼克松总统为了赢得竞选而指使的。面对铁证，尼克松没有狡辩的余地，只好引咎辞职。

堂堂美国总统以这种方式从国家最高职位上跌落下来，比竞选失败下台更落寞。如此不光彩的退场，完全源于尼克松无休止的欲望。太想连任下一届总统，特别害怕失去现在的权力，于是用尽各种手段确保竞选成功。在欲望的驱使下，尼克松失去了做人做事的底线，最终自食其果。

潮起潮落、花开花谢都是大自然的规律，人生轨迹也有内在逻辑。失去往日的荣耀、位置固然显得落寞、沉寂，但是你别无选择。遵从正常的规律和逻辑去做事，就能获得体面的人生。反之，明知行不通却固执地行动，会让你面临很大的风险，随时有跌落深渊的可能。

谁说平凡的日子没有精彩？谁说繁华之后唯有落寞？人生像高低起伏的山峦一样，所以那么精彩。在高处体验巍峨，在低处感受淡然，才是完整的生命画卷。学会从人生舞台上体面地退场，过淡然而自由的小日子，那是一种更大的幸福。

人生有高潮，也有低潮，有秋收的时节，也有冬藏的时节。到达辉

| 人生底层逻辑 |

煌的顶点以后，急流勇退显然是一种大智慧。遇事冷静，学会理性思考，大部分忧虑都会烟消云散。

遗忘是一种生活的智慧

泰戈尔说过："当你为错过星星而伤神时，你也会错过月亮。"生活中，一个人不但要学会怀念，更要学会忘记过去。对于痛苦来说，忘记是一种解脱；对于疲惫来说，忘记是一种宽慰；对于自我来说，忘记是一种升华。

在漫长的人生旅途中，如果总是把那些恩怨得失、功名利禄放在心中，把那些烦心无聊之事放在脑海，就等于背上了沉重的包袱、戴上了无形的枷锁。这样的生活除了累就是苦，丝毫没有快乐和情趣可言。

一个人前行的时候，肩上的包袱越轻越好。负重太多，压力就大，自然走不快，也无心欣赏沿途的美景。我经常劝解那些遭遇困境的年轻人，提醒他们学会与过去和解，并懂得放下某些人和事。忘却仇恨，记住爱意，这是身心健康、快乐的唯一法则。

有一天，杰克和汤姆一起去旅行。两个人经过一处山谷时，杰克失足滑落，幸好汤姆拼命拉他，才转危为安。一场虚惊，让两个人感慨不已。良久，杰克在附近的大石头上刻下了一行字：某年某月某日，汤姆救了杰克一命。

接着，两人继续往前走，几天后来到河边。不知为什么，汤姆跟杰克为了一件小事吵起来，冲动的汤姆一气之下，打了杰克一个耳光。杰克很后悔自己的鲁莽，于是他跑到沙滩上写下了这样一行字：某年某月某日，汤姆打了杰克一个耳光。

过了一段日子，两个人旅游归来。有人知道了他们旅途中的惊险和不快，便好奇地问杰克，为什么要把汤姆救他的事刻在石头上，而将汤姆打他的事写在沙滩上？

杰克想了想，富有深意地说："我永远都感激汤姆，因为他挽救了我的生命；至于他打我的事，我会随着沙滩上字迹的消失，而忘得一干二净。"

不难理解，杰克的做法很明智。对生活中那些令人高兴、感恩的事情，应该牢记在心。那些令人伤心、烦恼的事，如果始终无法放下，就会让自己生活得很累、很苦。所以，富有智慧的人不去触碰心灵深处不愉快的事情，因为这很容易影响眼前的快乐生活。

面对纷繁芜杂的日子，如果对那些令人不愉快的事耿耿于怀，心里又怎么能装下快乐和幸福呢？每个人的时间和精力都是有限的，只有忘掉那些伤心的人和事，才能亲近美好，远离悲伤和烦闷。

澳大利亚作家朗达·拜恩提出过一个重要的人生哲理，即"吸引力法则"。他说，思想像磁铁一样有磁性，有着独特的频率，如果你在想一件开心的事情，那么生活中那些开心的经历都会向你飞奔过来。同理，如果你在思考痛苦的往事，那些不愉快的事情也会纷至沓来。

遗忘是一种生活的智慧，忘了他人对我们的伤害，忘了朋友对我们的背叛，忘记曾经经受的耻辱，心就会变得豁达宽容，你就会更加主动、自信地开始全新的生活。那么，怎样才能遗忘心中的不愉快呢？

烦恼和怨恨是可以通过某种适当的途径发泄出来的，比如找好友谈谈心，或者大哭一场，或者猛击沙袋等。等我们发泄完之后，心情就会好很多，自然就会把不愉快抛在脑后了。

忘记不愉快的事情，并不是让人选择逃避，而是感悟人生后的抉择。令人悲伤的事已经发生了，应该理解和接受它，而不应被它牵绊、操控。放下它，忘记它，然后轻装上阵。当一个人没有负担，没有太多杂念的时候，自然容易发现生活中令人欣喜的事情。

下篇

人生算法

成事的大道与超越

一个人事业有成、得到社会认可，通常要经历涅槃重生般的奋斗过程——用尽了青春、吞下了委屈、熬过了彷徨、化解了危局、闯出了新路，最后横空出世。完成这一切，必须有一套行之有效的成事之道。

跨越出身和运气，实现富足与自由，需要遵循认知逻辑、熵减逻辑、复盘逻辑、闭环逻辑、博弈逻辑、概率逻辑、跨界逻辑、逆袭逻辑……一番历练之后，在成长中走向成熟，在成熟后迈向成功。

| 第 09 章 |

◆

认知逻辑

人这一辈子，都在为认知埋单

人有两次生命，一次是出生，一次是觉醒。如果你想在风华正茂之时重获新生，一定要通过深度学习和思考来审视自己的未来，看清世界真相，在开启认知驱动之后，走出低效勤奋的陷阱。

思维正确，世界就是正确的

生活应该是什么样子的？为什么你总是不快乐？其实，只要改变一下思维，你的世界就会大不同。如果消极思考，生活不会阳光明媚，做事也找不到头绪。一个人只有积极乐观看待问题，保持理性才能发现生活的真相。

如果你还在抱怨不快乐、不幸运，自己不被人理解，那么首先要转换思路。当你变得积极乐观了，你看到的世界一定不再是灰暗的。正所谓心境决定心情，主动调节心理与思维模式才会形成正确的认知，才能正确地做事。

在一个阴雨连绵的星期六早晨，牧师准备讲道，妻子外出买东西了。小雨淅淅沥沥地一直下个不停，小儿子约翰吵闹不休，令人厌烦。

牧师无法静心做事，无奈之下随手拾起一本旧杂志，一页一页地翻阅，最后翻到一幅色彩鲜艳的大图——世界地图。随后，他从杂志上撕下这一页，再撕成碎片，丢在地上说：

"小约翰，如果你能拼好这些碎片，我就给你2美元。"

牧师以为这件事会使小约翰花费一个上午的时间，并因此安定下来。没想到，还不到10分钟，小约翰就走过来，上交父亲布置的任务。

看着完整的拼图，牧师疑惑地问："孩子，你有什么方法，这么快就把图拼好了？"

"这很容易啊！"小约翰自信地说，"你看，在地图的背面有一个人的照片。我按照人像把碎片拼到一起,然后再翻过来,地图就拼好了。我想,如果这个人是正确的,那么这个世界就是正确的。"

牧师笑了,高兴地给了儿子2美元,还不停地赞叹:"你也替我准备好了明天的讲道。如果一个人是正确的,他的世界也会是正确的。"

人生不如意之事十有八九,所谓"心想事成"不过是对生活的美好祝愿。遇到一些不顺心的麻烦事,应该怎样解决呢?有的人会把每一件不如意的小事堆积在心里、挂在嘴上,而后不停地抱怨,搞得自己心情很差、情绪很糟。不懂得理性思考和分析,精神状态不佳,不但自己烦躁不堪,身边的人也不得安宁,一切都变得杂乱无章。

你拥有什么样的思维,就拥有什么样的人生。积极的思维成就积极的人生,突破认知局限,见更多的人,走更多的路,摆脱以往的偏见,才能摒弃傲慢、浅薄等弱点,站在更高的层级看世界。

试着换一种思维,换一个角度,用另一种方法思考问题,结果会大不同。如果你想改变这个世界,首先要改变自己。如果你的思维是正确的,你的世界也是正确的。当我们用积极的态度看世界、看生活的时候,许多问题会迎刃而解。

别把简单的事情复杂化

生活中有许多烦心事,令人应接不暇。许多人因此陷入紧张、焦虑的状态,身心疲惫。不过,有些烦恼是自找的,而问题的根源是你想得太多,结果把简单的事情复杂化。

看待周围的人和事，不要抱着复杂的心态，应学会简单思考，获得正确的认识。简单是一种智慧的境界和心态，避免把简单的事情复杂化才能寻求突破，找到解决问题的良策。而面对困难和挑战，简单化思考可以让你充满勇气，让内心变得更强大。

为了应对日益增多的客流，圣地亚哥的艾尔·柯齐酒店准备增加几部电梯。工程师、建筑师坐到一起商量对策，决定在每层楼的地面上打一个洞，并在地下室安装马达。

但是，这种方案会导致酒店内尘土飞扬，引起客人不满，继而影响到酒店的声誉和服务质量。酒店负责人与工程专家在楼道里商讨对策，争得面红耳赤，一时间情绪激动。

正在旁边扫地的清洁工听到争论，走过来说："在每个楼层钻洞的确不是好办法，不但现场会变得一团糟，而且尘土清扫起来很麻烦。"

工程师转过身，对清洁工说："那怎么办，难道关闭酒店再施工吗？"听到这里，酒店负责人急忙说："坚决不行，如果这么做会让顾客误认为酒店倒闭了，生意肯定会一落千丈。"

看到大家急切的样子，清洁工说："我有一个好方法，既能按时把电梯装好，还能省去不少麻烦。"工程师和酒店负责人不约而同地投来期待的目光，清洁工接着说："把电梯装在酒店外面。"

听到这里，工程师与酒店负责人不禁为这个绝妙的点子叫好。这就是近代建筑史上的室外电梯，它开启了一次施工革命。

这个世界原本是简单的，习惯把问题复杂化会让我们失去正确思考的能力，并因无法从中解脱而变得情绪失控。一味地把事情复杂化，不惜钻牛角尖，最后一定没有出路。

为此，请尝试做出改变，学会简单地思考问题，不再为身边的小事抓狂。如果让你区分水和酒，不必费尽周折去猜测，只要上前闻一闻就知道答案了。一个人想轻松应对这个世界，首先要有一颗简单的心灵，学会简单化思考。

（1）学会正常沟通，准确掌握事情的来龙去脉。许多人把简单的事情复杂化，一个重要原因是不善于沟通，结果无法掌握真实有效的信息，最后因错误的决策导致无法收拾局面。

（2）学会勇敢面对，大胆接受眼前的挑战。无法面对既成的事实，选择逃避和放弃，必然无法正常思考，从而离正确的轨道越来越远。

（3）学会理性接受，不做情绪化的奴隶。遇到麻烦事，有些人无法接受，会变得情绪失控。失去了理性思考的能力，自然会把简单的事情复杂化，导致无法收场。

别想太多，真的没什么用。生活中有各种麻烦和磨难，每个人都要学会理性面对，过一种简单的日子。相信自己有能力应对挑战，相信有更好的事情等着你，就不会杞人忧天了。

错误不断，该反省一下了

生活中，我们总是犯各种各样的错误：希望购置某处房产，却阴差阳错地失去了出手的最佳时机；想要和喜欢的人在一起，却无缘无故地成为彼此的过客；工作上，小错误层出不穷；因为自己的犹豫不决，股票被牢牢套住。

面对这些失误，我们有时候甚至会怀疑当初怎么会犯如此愚蠢的错误，不禁为自己的智商感到着急。犯错难道仅仅是因为智商的原因吗？研究发现，人之所以会犯错，除了智商的原因，还有很多因素。

首先，无知导致人们犯错误。无知导致犯错误很容易理解，因为对事物不了解，思维处于一种混沌状态，犯错误在所难免。很多事情，人们从来没有经历过、没有可靠的答案，这就需要不断地尝试、研究。在陌生的领域中，想要获得成功，就需要不断地尝试，在尝试中寻求答案，犯错误是难免的。

例如，爱迪生发明电灯，在此之前这是人类从来没有接触到的领域。对爱迪生来说，这完全是一个探索的过程。爱迪生在选择灯丝材料的过程中，进行了上千次尝试，都失败了，最终选择了钨丝，才取得了成功。

其次，主观情感的变动导致犯错误。有时候明明知道事物的答案，在解决问题的时候，却因为自己的粗心大意，造成无心之错。这种无心之错，可能不止一次。这主要在于当事人的心态，是否将它看成很重要的事情，如果从未在心底里将这件事看得非常重要，犯错误也就难以避免了。

一类错误一犯再犯，也可能是因为过于重视，以致紧张过度。正所谓"一朝被蛇咬，十年怕井绳"。如果想减少犯错的概率，除了更加细心、持之以恒之外，没有更好的办法了。

再次，故意犯错。大人为了孩子能有一个更加明媚的未来，总是对孩子的选择指手画脚，由于孩子的逆反心理在作祟，孩子总是故意犯错误，故意让大人生气；工人为了报复厂长，总是故意出错，让产品不合格，造成工厂的损失；战争中，有时候一方故意犯错，让对方误入圈套，这就是一种计谋了。这类故意犯错误，就需要人们具体问题具体分析，对症下药，找出相应的对策。

最后，在欲望的驱使下导致犯错误。马斯洛的需求层次理论将人类的需求分为五个等级。最低的需求当然是人类首先得生存下去，这和动物的需求是一样的。但是人类之所以高于动物，还在于人类懂得善恶。人在动物基本需求的基础上还有更高的需求，例如被尊重、受教育、被社会承认、实现自我价值……这就是人类的欲望。

总的来说，人之所以不断地犯错误，在于人的欲望一直在膨胀，得不到满足。正所谓"欲壑难填"，人们最大的错误就在于欲望太多了，超出了能力范围，就会犯错误。

处在贫困线上的人期望得到财富，意志力稍微减弱，可能就会走上偷盗之路；失恋的人看到别人的幸福，出于嫉妒可能会拆散别人的良缘；富裕的人贪恋长寿，走火入魔可能沉迷于炼丹。作为个体，每个人不管处在什么境地，都会有自己的苦恼，这种苦恼如果得不到排解，就可能犯错误。

保持知足常乐的心态，毕竟这个世界本就是不完美的，只有意识到这种不完美，并且接受这种不完美，才能真正得到解脱。将自己从欲望中解放出来，保持一颗平常心，冷静地处理世事，才会减少犯错的概率。

勇敢打开"虚掩的门"

哈佛心理学教授通过多年研究，发现了一个十分有趣的现象：人们在做某件事情之前，首先会对自己进行某种心理暗示。

比如，将一块宽 30 厘米、长 10 米的木板放在地上，大多数人都能轻易从上面走过去，但是，如果把这块木板放在高空，几乎没有几个人敢迈步走在上面。这时，人们会在心中进行自我暗示：我会掉下去。于是，他们心生恐惧，担心自己真的会掉下去，即使有能力走过去，也会望而却步，放弃尝试的机会。

事实上，很多看似闯不过去的难关，只要全力以赴地往前冲，就可以成功迈过那道坎儿。成功需要不懈的努力，但是更需要有大胆尝试的勇气。有一个故事，帮助许多人改变了命运，令人受益匪浅。

泰勒是市场营销学院的高才生，毕业后来到得克萨斯州的一家出口公司工作。当时，一起入职的有六个人。上班第一天，他们就从同事那里听到了一个不成文的规矩——绝对不能走进八楼那个没有挂门牌的房间。

对此，六个人感觉很奇怪，其他五个人表示绝对服从，只有泰勒紧皱双眉，不能理解。这又不是什么秘密组织，怎么会有不让进的房间呢？回到工作岗位后，泰勒忍不住向公司有资历的同事询问其中的缘由，对方只是说好好工作就行了。

泰勒可不这么想，他一定要一探究竟。中午，大家都出去吃饭了，泰勒借故说自己不舒服，没有一同前往。接着，他坐电梯来到八楼，走到那间没有门牌号的房间门口。

怀着强烈的好奇心，泰勒推开了虚掩的门，发现屋子里没有什么新奇的地方。走到桌子前，发现上面放着一张红色的纸条，上面写着"把纸条交给总经理"。

这是什么意思呢？泰勒百思不得其解，于是拿着纸条敲开了总经理的办公室，说明了事情的原委。出乎意料，总经理高兴地说："从现在起，你被任命为销售部经理。"

泰勒很诧异，问："就因为我把纸条拿给了你？"

总经理笑着说："没错！我等这一天等了好久了！"

原来，不能进入八楼无门牌的房间是一个考验。当其他人在猜疑的时候，泰勒以实际行动探究事情的真相，这种精神正是销售工作最优秀的品质。果然，泰勒把销售部管理得非常出色，业绩成倍增长。

社会不缺少梦想家，而是实干家。当你有了梦想，就要勇敢地将其付诸实践。能否做成一件事，关键在于你怎么做，你的方法和技巧都会成为个人魅力的一部分。与其胡乱猜疑，不如勇敢行动，高效的执行从来都是获取成功的捷径。

在成功者的基因中，最关键的一点是敢于行动。这种能激发人热情的能量，可以减轻命运的打击。当一个人不惧困难、不怕强敌、一往无前地夺取胜利时，还有什么能够阻挡他前进呢？

丘吉尔曾经说过："如果你想成为一个真正的勇者，就应该振作起来，豁出全部的力量去行动，这时你的恐惧心理将会被勇猛果敢所取代。"

打破常规的道路，才能通向智慧之宫。做任何事情重在有创造力，有勇于探索的精神。当你因为猜忌而苦恼时，不如坚定信念去行动。无论成败，它都能从根本上帮你塑造正确的世界观。

名利在时刻左右我们的判断

詹姆斯是一个受人尊敬的名人，他有一个好名声，大家都会不由自主地尊敬詹姆斯的家人，认为他们都是值得尊敬的。这就是一个好名声所带来的积极影响。好名声是一种财富，因为它在潜意识里影响着我们的思维和认知。

对事物做出判断的时候，人们经常会受到名利因素的影响。在这个社会里，名利会给一个人带来附加分，成为评定一个人价值的标准之一。人们不可能将希望寄托在一个默默无闻、毫无半点成就的普通人身上，更愿意依附于一个强大的后盾。

曾任美国参谋长联合会议主席的鲍威尔将军说过："我们需要在我们的周围恢复羞耻意识。"现在，西方社会的寒门再难出贵子，许多在社会底层徘徊的年轻人难以挤进成功者的阶层，他们出生的家庭声誉很普通，在努力拼搏的过程中又不想获得好的名望，因此他们缺少羞耻感。在个人的成长过程中，羞耻意识十分重要。

声誉无形中影响着我们对一个人的评价。一个人的名声坏了，给人的不良印象会持续很久。

身为公司中层管理人的米莉，前天下午把手下一名员工开除了。

第09章
认知逻辑 | 人这一辈子，都在为认知埋单

这名员工在公司任职一年，没有做出什么成绩，工作态度又不认真，迟到早退是经常的事，上个月因为这位员工的疏忽让米莉丢掉了一个大客户。

米莉出于无奈，只能选择让这个家伙离职。但是没想到，这名员工第二天跑到米莉的上司家中，说自己之所以被解雇是米莉曾经对他有过性暗示，被他拒绝，因此怀恨在心，将他开除了。这样做实在太狠了，虽然这名员工在撒谎，但米莉在办公室里确实常常给人以轻佻的感觉，平时的穿着打扮也很性感，实在让人不能不往坏的方面想。

事到如今，即使米莉为自己辩护保住了现在的工作，可是以后升职的机会有多大？

米莉的故事告诉我们，在职场中有一个好名声是多么重要。虽然她没有做错什么事情，但是因为名声严重影响到自己的未来，有苦说不出。

在面对流言蜚语的时候，只要挺直腰板，"身正不怕影子歪"，绝大部分人还是会选择相信你。当然，这并不能让问题得到彻底的解决，人们是否会相信谣言，完全取决于你的名声如何。如果你有个好名声，那么在面对流言蜚语的时候就大可不必紧张了。

任何时间，任何地点，名利都在有意无意地发挥影响力。对于名利，世间很少有人能做到真正超脱。在办事过程中，如何赢得尊重，以及获取最大的利益，直接决定了一个人的声望如何。没有人希望成为一个臭名远扬、一文不值的人，也没有人对一个行为不检点的人有好印象。这表明，名利在潜意识里发挥着无可替代的作用。

没有什么比一个受人尊敬的品质更让人折服了。使人对你产生好印象以及赢得个人名誉，首先要拥有对好名声的自豪感。其次让财富给你加分，没有人会看好路边的乞丐。

名利就像一张无形的名片，让别人眼中的自己更加耀眼；同时名利又像一块磁石，影响着你做出决定。生活中处处牵扯到名利，名利也时刻左右我们的认知和判断。

换位思考让你脑洞大开

在这个世界上，能够站在对方立场上思考问题的人，才是聪明的人。学会换位思考是如此重要，然而在我们身边，很少有人把它当作一种修养。人们习惯强调我方的利益，甚至不惜提高音量。

经常听到各种各样的抱怨，因为处理不好人际关系而激化矛盾，甚至反目成仇。大多数人总是产生这样的疑问：他为什么总是那样对我？其实，站在对方的立场考虑问题，就容易理解眼前的一切。

站在对方的立场上考虑问题，是理解对方的基本方法。那些固执己见，不能照顾他人感受的人，很难赢得友谊。习惯抱怨他人处事不周，却很少反思自己的行为，是大多数人的通病。从认知科学的角度分析，人性的自私是这一切争端的起因。

瑟琳娜在一家大型广告公司做设计师助理，然而在近两年的工作时间里，她过得并不快乐。"整个公司的人似乎都在有意冒犯我，好像每天除了工作便是与同事争吵。"瑟琳娜常常对好友珍妮诉苦，对方无非是劝她忍让一下，凡事别太计较。

一个周末，瑟琳娜与珍妮约定去郊外散心，舒缓一下紧张焦虑的心情。然而，到了约定的时间，珍妮却迟迟没有来。瑟琳娜原本就心情不佳，看到好友迟到不禁怒气冲冲。她到附近一家咖啡馆，借用这里的电话打给珍妮。

"你在哪里呀，难道忘记我们的约定了？"瑟琳娜有些怒火中烧。

"哦，亲爱的，十分抱歉，我出门的时候不小心跌伤了。"珍妮感到十分抱歉。

"天哪，严重吗？有没有去医院检查？"瑟琳娜为自己的愤怒感到过意不去。

"没什么大的问题，医生刚走。"珍妮说。

原来，珍妮害怕瑟琳娜找不到自己，并没有立即去医院，而是回到家，请医生上门检查。同时，等待好友的电话。

瑟琳娜得知真相后感到十分羞愧，急忙赶到珍妮家中，并向她道歉："对不起，珍妮，我不知道你受了伤，我竟用那样的语气对你说话……"

"没关系，如果我是你，或许也会生气。"珍妮的话让瑟琳娜更为羞愧。

"谢谢你站在我的角度考虑问题，可我从来没有像你这么做过。"说到这里，瑟琳娜似乎明白了什么。她想起自己与另一位助理艾丽争吵的事情。

当时，瑟琳娜正在整理资料，艾丽递给她一杯咖啡。或许是因为着急，咖啡洒在了资料上，瑟琳娜立刻火了，责怪艾丽添乱。显然，艾丽也很委屈，毕竟自己是一片好心。于是，两个人争吵起来。就这样，瑟琳娜又失去了一个朋友。

"我为什么不能像珍妮一样，站在别人的角度考虑问题呢？"瑟琳娜陷入沉思。后来，她在工作中像换了一个人。别人不小心做错事，她选择原谅，而不是争吵；一旦自己说了过头的话，她会在事后主动向对方道歉。

于是，瑟琳娜变了，她不再是一个难缠的同事，反而成为极具亲和力的人。当然，她也越来越享受工作的时光，因为学会换位思考之后，工作中的许多事都迎刃而解了。

很多事情只要换个角度去处置，就会变得轻而易举。比如，看到他人陷入困境，你就扪心自问："如果我处在他的位置，会有何感受，有什么反应？"习惯了换位思考，能够做到设身处地为别人着想，就容易妥善处置复杂的人际关系，省去很多烦恼。久而久之，不但原来的抱怨声消失了，还会赢得别人的尊重。

心有多大，舞台就有多大。尝试换个角度考虑问题，站在别人的立场上思考，你会发现天地变大了，心情也豁然开朗。更重要的是，你开始懂得付出，并赢得外界的尊重，生命里只剩下快乐、轻松。

如何做到换位思考呢？除了站在对方的角度考虑问题，还要去"理解"他人的想法和感受。从对方的立场看问题，以别人的心境来感受这个世界，从而真正完成一个"移情"的过程。此外，做任何事情都要真诚，你要发自内心地替别人着想，就好像为自己考虑一样。

具备强大的纠错与修正能力

一个要想成就大事业的人，不能随心所欲、感情用事，而应用理智对待一切，勇于纠正自己的错误。减少错误，修正缺点，就不会因为犯错陷入失控状态，才能始终在正确的道路上前进。

即使是厉害的狮子，也不会攻击象群或在鳄鱼池里游泳。每个人的身上或多或少都存在各种缺陷，如果懂得规避这些不足，甚至能弥补自己的短板，就会极大地提升个人竞争力。

在许多场合，及时纠错、灵活变通可以帮你摆脱尴尬，展示极富个人魅力的一面。这种强大的控场能力不但是高情商的表现，也是一种高超的办事能力。

第二次世界大战期间，英国首相丘吉尔来到美国首都华盛顿，会见当时的总统罗斯福。会谈中，他提出两国合力抗击德国法西斯，并要求美国给予英国一定的物质援助。这一提议得到了美国的积极回应，于是丘吉尔受到了热情接待，被安排住进了白宫。

一天清晨，丘吉尔躺在浴缸中惬意地享受着，手中还点着一根特大号的雪茄。忽然，一阵急促的敲门声响起，随后罗斯福破门而入。被惊吓到的丘吉尔立刻站起来，来不及找到衣服蔽体，就被美国总统撞见了。

两国首脑在这种情景下相见，场面实在尴尬。这时，丘吉尔充分发挥了自己的出色口才。他把烟头一扔，说道："总统先生，我这个英国首相对你可是坦诚相待，一点儿隐瞒都没有啊！"说完，两个人哈哈大笑。

有了这个小插曲，双方的会谈也变得更加愉快，各项协议签署得异常顺利。或许，正是丘吉尔的情绪掌控能力发挥了积极作用吧。那句"一点儿隐瞒都没有"，不仅仅是为了调侃打趣，缓解尴尬的局面，更准确地表达了坦诚相助、彼此信任的情谊。

强大的纠错与修正能力是自信、机敏的表现。这种能力的养成不仅与外界环境紧密相连，还与强大的认知和自我掌控能力有关。

当你愤怒或者伤心的时候，可以暂时将眼前的事情放一放，去做自己喜欢的其他事情，等平静下来之后再着手处理。此时，你会变得理性、清醒。这是正确做事的有效方法，也是高认知者出色地掌控局面的体现。

如果想提高自控力，就不要把困难当作敌人，而应看作朋友。只有心平气和地与困难相处，你才能控制它们，趋利避害。此外，提高认知能力，多见外面的人和事，我们就有了主心骨，遇事自然会处变不惊，展示出强大的控场能力。

| 第 10 章 |

◆

熵减逻辑

生命的成长过程就是不断对抗熵增

彼得·德鲁克说过:"管理就是要做一件事情,即如何对抗熵增。"从企业到个人,都要遵从熵减逻辑,增强生命力,而不是随着热情与活力降低,最终效率低下,默默走向灭亡。

人活着就是在对抗"熵增"

在科学领域，能源、材料与信息是物质世界的三个基本要素。而在物理学中，能量守恒定律是比较重要的定律，各种形式的能量相互转换，保持总体平衡。

1854年，德国人克劳修斯提出了"熵增定律"。他认为，在一个封闭的系统内，热量总是从高温物体流向低温物体，从有序走向无序。如果外界没有对这个系统输入能量，那么熵增的过程是不可逆的，最终会达到熵最大的状态，系统陷入混乱无序。

研究发现，所有事物都是从"有序"变得"无序"。比如，一个星期不打扫卫生，即使没人进入公园，那里也会变得脏乱不堪。又比如，公司发展壮大以后，内部组织架构会更加细化，结果出现机构臃肿、人浮于事等现象，运行效率明显降低。

对个人来说，过着平稳安逸的生活看似舒服，其实这种假性繁华背后危机重重。一个人每天无所事事，会逐渐变得贪图安逸，丧失勤劳、敬业等优秀品质。此外，经常享受美味却不从事辛劳的工作，体重会明显上升，威胁身心健康。

人活着必须与贪婪、惰性抗衡，才能迈向卓越。我们一直强调自律，说到底也是一种对抗熵增的努力。每个人都想自律，却只有极少数人可以做到，这似乎可以解释为什么世间大多数人都很普通。

生命的成长过程是一场不断对抗熵增的过程，生命以负熵为主。

对每个人来说，让生活由无序到有序，以熵减对抗熵增，人生才能充满活力。

（1）摒弃固有思维，拥抱外界新认知

每个人身上都有惰性，大脑在固化思维的驱使下因循守旧，很难接受新鲜事物。显然，让大脑运作起来，思考陌生而复杂的问题，是一件困难的事情。如果任由这种情形发生，大脑就会退化，记忆力也会减退。积极接受外界给予的反馈，理解新生事物的来龙去脉，而不是选择逃避，我们才能让自己变得更优秀。

（2）远离舒适区，拒绝平衡状态

喜欢待在舒适区是人的天性。由此不难理解，为什么很多人喜欢与自己妥协，降低要求。如果想让自己不断精进，一定要逃离舒适区，挑战高难度的目标，不断超越自我。当一个人主动打破平衡状态的时候，他就进入了颠覆式成长的赛道，开始变得卓越。

（3）聚焦进程，一次只做一件事

许多人喜欢一边吃饭，一边看手机，结果吃饭完全是为了填饱肚子，而手机里那些碎片化信息让人越发焦虑。无论做任何事，最好的选择是一次只做一件事，清空额外的干扰。这有助于我们高效工作，内心也会充盈富足。

薛定谔说"自然万物都趋向从有序变得无序"，即熵值在增加。我们要克服自身惰性、人性弱点，透过自律变得优秀，拥有掌控自己时间和生活的能力。

厉害的人都摆脱了精神内耗

今天，人们的工作和生活节奏越来越快，面对各种压力以及突如其来的变化，难免会陷入焦虑、不安的情绪中。如果过度消耗心理资源，人就处于一种内耗的状态，感到身心疲惫。

在企业管理中，内耗会降低团队效率。同理，一个人陷入精神内耗，会影响个人精神状态、降低生活质量，甚至导致心理失衡。

心理学有一个词汇叫"反刍"，非常形象地说明了何为"精神内耗"。众所周知，反刍是指动物进食一段时间以后，将胃中半消化的食物返回嘴里再次咀嚼。在心理学中，"反刍"是指一个人反复思考某件事，结果出现负面情绪，最终影响到正常的生活状态。

陷入精神内耗的人，通常会对未来迷惘、焦虑，感觉做任何事情都没有意义。比如，看到同事辞职了，你也换到一家新公司任职，但是工作环境、福利待遇等反而不如上一家公司，于是失去了方向感，陷入纠结、自责之中，变得患得患失。

在年轻人群里，精神内耗现象比较普遍。如果持续虚耗生命的能量，一个人很容易精神萎靡、心理失控，不但无法在工作上有所建树，甚至连维持正常的工作状态也会变得困难重重。

那些比你优秀的人并非一路顺风，他们也会遇到种种挫折和不如意，甚至承受常人无法想象的压力。但是，他们内心强大，能够及时摆脱消极状态，不在无意义的人和事上浪费精力，从而展示出惊人的自我掌控力。

研究发现，摆脱精神内耗的最好方式是"别跟自己过不去"。学会与自己和解，回到解决方案上，而不是把精力虚耗在无谓的担忧上。

（1）不计较，心大了烦恼就少了

《增广贤文》中说："用心计较般般错，退步思量事事宽。"与他人计较，会增加矛盾；与自己计较，会加重心理负担。做人做事不必过分在意得失、输赢，懂得包容种种不如意，那也是一种人生智慧。学会与糟心的人和事握手言和，与自己和解，你的世界自然海阔天空。

（2）不奢望，才能心绪安宁

一个人有梦想和追求是好事，但是不切实际的欲望会消磨宝贵的时间和精力，甚至令人心态崩溃。当一个人的能力撑不起内心的欲望时，焦虑和烦躁就会降临，内耗也随之袭来。生活本不苦，苦的是欲望过多。有智慧的人懂得约束自己的欲望，满足于过简单的生活，让生命的疆界变得宽阔。

（3）不纠结，让自己活得更通透

世上本无事，庸人自扰之。一个人整天胡思乱想，内心执念太强烈，自然会心生苦闷，乃至陷入困境。许多人的生活一地鸡毛，一个重要原因是遇事想不开、看不透，于是各种烦恼接踵而来。学会通透地活着，人生大多数痛苦将烟消云散。

"穿透一切高墙的东西就在我们的内心深处。"许多时候，困住我们的不是逆境，也不是他人，而是自己的内心。停止精神内耗，学会及时止损，努力把自己活成一束光，才是最好的自我救赎。

战胜思维惰性，培养主动精神

本来昨天就应该完成的工作，结果犯懒拖到了今天；早就打算去探望国外的亲戚，可总不能顺利成行；上周末就该大扫除，结果都到这周末了，依然不想做……几乎人人都有过类似的拖延经历，其实，这是"思维惰性"在作祟。

懒惰是人性的组成部分，在潜意识里，人都是好逸恶劳的，表现出来就是各种各样的拖延症。从心理学角度来讲，拖延往往会让人背上沉重的心理负担：悔恨、愧疚、压力、烦躁、不安……如果想远离这种糟糕的状态，就必须战胜思维惰性，养成主动行动的好习惯。

秦勇在周一上班的路上，就做好了一天的工作规划：上午做月度总结，下午草拟下个月的财务预算。

9点，他准时到达办公室，打开电脑登录QQ，自动弹出的腾讯新闻中有一条很有趣的消息，他情不自禁地点开阅读，不知不觉就看了20分钟。好不容易开始写月度总结了，却发现办公桌上堆满了文件，杂乱无序的办公桌十分影响心情，于是他又花了十几分钟收拾桌面。

月度总结好不容易开了头，一个投诉电话打过来，秦勇又放下手头的工作开始处理投诉。等处理完投诉已经11点多，马上要吃午饭了，他想反正月度总结也写不完，索性看看网页……

结果一整天过去了，早上计划做的工作还处在搁置状态中，只能等第二天上班再做了。

第10章
熵减逻辑 | 生命的成长过程就是不断对抗熵增

其实，秦勇的工作状态是很多职场人的真实写照。拖延已经成了当今职场人的通病，而克服拖延症却十分困难。

要想战胜心理惰性，彻底摆脱拖延症，必须先了解造成拖延的因素。研究者认为，最有可能引起拖延的心理成因有四点：对成功信心不足、讨厌被他人委派任务、注意力分散且容易冲动、目标与实际的酬劳差距太大。

那么，怎样才能远离拖延，养成积极主动的行为习惯呢？

（1）坚决不逃避

随着移动互联网、智能手机、平板电脑等快速普及，人们消遣的方式越来越多，渠道越来越方便。当遇到难以解决的问题，面对枯燥无味的工作时，人们常常会本能地选择逃避，而网络所提供的各种娱乐就成了人们躲避的"乐园"。

逃避不能解决问题，只会让问题更严重，所以不管面对怎样的困难和挫折，都要勇敢面对，要用强大的意志力战胜惰性，戒除拖延。

（2）要立即行动起来

如果人总是处于空想或思虑状态，自然会变成"思想上的巨人，行动上的矮子"。在现实生活中，空想与拖延往往是一对双生姐妹花，如果做事总是瞻前顾后，前怕狼后怕虎，行动难免拖拖拉拉。

提高行动力是战胜思维惰性的一个有效办法，我们不妨有意识地强化"行动"观念，以免被毫无根据的"空想""幻想"阻碍行动。

（3）要培养探险意识

好奇心是人们行动最原始的驱动力，我们要保持对新鲜事物的好奇心，有意识地培养勇敢、无畏的探险意识。为此可以有针对性地参加诸如跳伞、蹦极、攀岩等有探险性质的活动，这有助于我们养成迎难而上的习惯，对克服思维惰性、改变固化思维有很大帮助。

正如莎士比亚所说，"放弃时间的人，时间也会放弃他"。如果不能战胜思维惰性，那么等待你的将是无休止的拖延和没有止境的恶性循环。从今天开始，告别得过且过的拖延生活，主动行动起来吧！

每天先做好最重要的事情

现代社会的工作和生活节奏越来越快。无论是谁，每天一睁开眼就要面临纷繁的事情，每个人的时间却非常有限。有太多的人不懂得合理规划，忙碌一整天，结果忙的都是无关紧要的琐事，真正重要的事情却被遗忘在角落里。

如果想在有限的时间里做更多有意义的事，处理更多繁杂的事务，甚至取得更大的成果，就要制订合理的计划，优先处理那些重要的事情。

每天面临众多选择，是现代人的生活常态。对此，有的人会陷入茫然，不知道自己究竟应该做什么，于是，一天就在茫然中度过，办事效率低下。会办事的人善于理性分析，并会做出科学的选择，制订合理的计划，有条不紊地处理好事情，效率特别高。

关于如何合理利用时间、规划日常事务，很多专家和学者都进行过研究，他们的结论一致，即分清事情的轻重缓急。只有做到这一点，工

第10章
熵减逻辑 | 生命的成长过程就是不断对抗熵增

作规划才合理,办事的时候才不至于陷入混乱,也不会因为茫然而陷入拖延。

马东是一家公司的部门经理,每天早上都有一堆文件等着他审批。这天早上,他办公桌上放了一份重要的年度计划书。望着堆积如山的文件,马东正在发愁如何处理,偏偏这时候又接到了董事长召开临时会议的通知。

随后,马东急忙走进会议室,会议一直开到中午才结束。马东正准备松一口气,秘书说有客户前来拜访。他只好转身接待客户,并与对方共进午餐,商讨下一步合作事宜。

送走客户之后,已经是下午两点半。这时候,部门的员工一个接一个过来请示、汇报工作。马东一边听着下属的汇报,一边思索着如何处理办公桌上待审批的文件,中间还不时被电话打断思路。

很快就到了下班时间,办公桌上那一沓文件还原封不动地放在那儿。这时候,秘书又进来提醒:"经理,那份年度计划书请您尽快签完,我还要送到董事长那里去。"马东长叹一口气,揉了揉发胀的太阳穴准备加班。

很多时候,你以为时间非常充足,便把最重要的事情放到最后,先处理那些烦琐的小事,但是到了下班时间,才发现已经没有时间处理重要的事情了。对此,很多人会拖到第二天处理,但是第二天的事情可能更多、更烦琐。就这样,重要的工作被一拖再拖,自己也陷入了拖延的旋涡。

其实,只要将每天需要处理的事情分清轻重缓急,优先将最重要的事情处理好,你就会发现剩下的工作非常简单。

有一句古老的谚语这样说:如果你每天早上做的第一件事是吃掉一只活青蛙,你会欣喜地发现,这一天里再没有什么事比这件事更糟糕了。这只"活青蛙"就代表一天当中最重要的那件事,如果优先处理掉,这一天就不会有拖延现象发生。

最重要的事情优先处理,无论你愿意还是不愿意,一旦这个习惯养成,你会发现自己的时间非常充裕。一次只处理一件事情,而且是最重要的那件事情,长此以往你的工作效率会显著提高。

有梦想的人懂得用目标约束自己

要实现梦想,必须设定明确的目标,并矢志不渝地朝着目标前进,有不达目标誓不罢休的精神。也许在几年之内你并不能实现梦想,但是只要一直努力下去,你会发现自己离梦想越来越近了。

很多人不知道自己的人生该往哪里走,是因为没有明确的人生目标。对自己的人生做好规划,未来就是一张宏伟的蓝图;如果没有做好规划,未来将是一幅零散的拼图。

在百米竞技的世界里,苏炳添是第一个跑进10秒的黄种人。这位"亚洲飞人"懂得树立目标,并用目标严格约束自己。当然,他的成功并非一帆风顺,运动生涯早期也曾因为训练太苦险些放弃短跑。

2011年全国锦标赛上,苏炳添打破了全国纪录。面对巨大的成功,他有些自满,开始享受起安逸的生活,训练也不像以前那样刻苦了。到

第10章
熵减逻辑 | 生命的成长过程就是不断对抗熵增

了 2013 年，他保持的纪录被张培萌打破，这令他顿时产生了深深的挫败感，悔恨自己为何没有严格训练，进一步提升自己。

随后，苏炳添为自己设定目标，并不断突破。2014 年，他为自己定下了两年之内"突破 10 秒"的目标，之后，他开始向这个目标努力。为了保证训练时间，苏炳添拒绝了大量采访，与安逸的生活彻底隔绝。

为了实现"破 10"的目标，苏炳添对自己提出苛刻的要求，任何细节都不放过。他发现起跑的时候，左脚出发比右脚出发奔跑起来更加有力、顺畅，于是，他向教练提出了换脚的请求，这一改变让他在 100 米跑中提升了速度。

经过一番严格训练，目标终于变为现实。2015 年 5 月 31 日，在美国举办的国际田联钻石联赛尤金站比赛中，苏炳添以 9 秒 99 的成绩夺得季军，实现了自己两年内突破 10 秒的目标。清晰的目标加上刻苦的训练让苏炳添创造了历史。

人生拥有清晰而明确的目标，做任何事都不会迷失方向。那些一事无成的人，往往没有设立目标，或者虽然设立了目标，却没有将其付诸实践，最终荒废了人生，让自己陷入无序的混乱状态。

同样的学历、智商和努力程度，有清晰、长远目标的人，经过不懈努力更容易成为社会各界的中流砥柱，那些拥有短期目标的人，虽然没有到达金字塔顶尖，但也会小有成就。那些没有目标的人，大多生活在社会最底层，为了生计而奔波，生活一片灰暗。因此，用目标约束自己，努力实现梦想，是迈向成功的必经之途。

没有计划的人迟早掉队

拥有美好梦想的人到处都有，而成功者却屈指可数。口头上的羡慕若没有行动，只能算是痴人说梦，而盲目的行动以及毫无计划的努力只会徒劳无功。

为了对抗无序的熵增定律，如果想有所作为、梦想成真，务必计划你的现在和未来。如果你不清楚自己的目标是什么，首先要搞清楚方向在哪里。如果你有明确的目标，就静下心来，做一份详细的计划。

你可以给自己一个期限，一年或者三年，这段时间你要达到哪一个目标？这段时间的每一天，每一个小时，你要怎样做？要做到什么程度？

从大一开始，小周就喜欢参加各种活动，他说这可以锻炼自己，以后找工作也能派上用场。同时，他还努力参加各种培训、考试，因此每天忙得团团转。

同宿舍的小李与之截然相反，他从开学时便有了明确的目标，准备将来出国留学。因此，他很少参加一些社团活动，总是在图书馆专心学习。除了上课，同学们几乎见不到他的身影。

大学期间，小周是整个学校的风云人物，他能言善辩、容貌帅气，似乎成了众多女生心目中的男神。而那时的小李却不修边幅，戴着厚厚的眼镜，穿着一双球鞋穿梭于宿舍和图书馆，丝毫不能引起大家的注意。

大三下半年开始，小周不得不将手头上各种社团的管理权交给下一届学生，这是学校的传统。此后，小周显得无所事事，除了上课，整日

第10章
熵减逻辑 | 生命的成长过程就是不断对抗熵增

不知道做些什么。而小李依旧忙碌地学习着。

大四那年，小周开始参加各种考试，国内公务员、研究生、企业招考……他需要准备的太多，所以最后什么也没做到位。毕业时，小李顺利出国，学习金融专业，而小周进入一家小公司做业务员。

多年后同学聚会，酒桌上的小周没有了当年的意气风发。虽然是一个小公司的业务主管，但是在众多成就斐然的同学中间，他显得垂头丧气，笑容里隐藏着很多辛酸。

而小李西装革履、风度翩翩，很难让人想象他就是当年那个戴着厚厚的眼镜，穿梭于教室和图书馆的男生。原来，他已经创办了公司，据说公司的估价超过 1.2 亿美元。

其实从一开始，小周和小李就在走不同的路。小周从大学开始就没有计划，一边追随大家参加社团活动，一边参加各种培训、考试，没有明确的目标。随波逐流之下，他只能走一步看一步，听从命运的安排。

小李从进入大学校园那一刻起，就自己制订了详细的计划。显然，他做的一切都有明确的目的，最后出国、创建公司也就显得理所当然。

做事毫无目的，从一开始就没有计划，盲目地做着一切，很难在自己的领域内有所建树。而有的人很早就开始规划自己的人生，于是后来的发展有着特定的轨迹，有所成就也就顺理成章了。

一个有计划的人能够有条不紊地做事，并且每件事都有目的性，成功对他来说是计划实行之后的结果。而没有计划的人，纵使心怀高远，也很难实现梦想。因为成功不是想想而已，如何成功？怎样做？目前这个阶段要做什么？如果连这些计划都没有，迟早会掉队！

| 人生底层逻辑 |

  生活中处处需要计划，也处处存在着因为没有计划而掉队的人。有的人渴望晋升到某个职位，感叹他人光彩照人的一面，却没有制订出切实可行的计划，更没有采取有效的行动。任由时光流逝，除了一句懊悔，留下的只是苍白无力的人生。

| 第 11 章 |

◆

复盘逻辑

优秀的人善于把经验转化为能力

这个世界上,到处都是有才华的"穷人"。虽然才高八斗、学富五车,但是为何最后穷困潦倒、一事无成?究其原因,就是不懂复盘逻辑,没有把过去的经验转化为能力,激发创新与复制成功更是无从谈起。

做事的态度决定事业的高度

做事的态度决定事业的高度，用积极的态度做事会更加从容。还没开始做事情，你就认为它不可能成功，那么它当然就不会成功；或者做事情时三心二意，马马虎虎，那么事情也不会有好结果。

从某种意义上说，态度是决定事业高度的前提。如果你做事的心态有问题，注定与初衷背道而驰。

英国首相玛格丽特·撒切尔夫人是一位态度非常积极的人，这与她从小受到的"残酷"教育有关。

玛格丽特·撒切尔出生在一个不起眼的小镇，父亲对她的教育非常严格。父亲告诉她，无论做什么事情，都要争当第一，永远要跑在其他人前面，不要输在起跑线上，不能落后于人，就连坐公交车都要坐在前排。在父亲严厉的教导下，玛格丽特在学习和生活中事事争当一流。

上大学时，她用一年的时间学完了五年的课程，成绩非常出色。与此同时，她还兼修体育、音乐、舞蹈等课程。1979年，她出任英国首相，成为政坛上耀眼的一颗星。

人生会因为积极向上而变得更加多姿多彩，那么，我们应该树立怎样的做事态度呢？

（1）树立积极向上的人生态度

积极向上的人生态度是成功的基础，无论成功与否，一定要有积极的态度。在做一件事情之前，要对自己和工作有清晰的认知，你的做事态度是你成功与否的关键。

（2）正视自己，以平常心面对失败与成功

世界上没有完美无瑕的人，要学会正视个人的优势和劣势，端正态度，不要过高或过低地评估自己。我们要做到胜不骄、败不馁，切勿在成功时得意忘形，失败时一蹶不振。

（3）学会交际，学会自我管理

任何人都不是孤立存在的，所以，我们要学会交际，建立自己的朋友圈和关系网。此外，我们还要学会自我管理，管理自己的时间，管理自己人生的每一个阶段，这样才能在成长过程中不断进步。

一次只做一件事，避免半途而废

大家都知道用放大镜将光线聚焦到一点，可以点燃树叶或纸张。我们在生活和工作中也应该有这种聚焦性，将时间和精力集中到一件事上，这样不但可以提高工作效率，而且容易出成果。

有太多"聪明人"并不明白这一点，他们头脑灵活、能力出众，自认为能够将所有的事情做好，最后却一事无成。究其原因，并非是他们不能把事情做好，只是因为不够专注，没有坚持不懈的精神，没有做到底。他们在做事情的时候，很容易分散精力，不断转换目标，看起来非常忙碌，却不出业绩。

经验表明，将注意力集中在一件事上，直到做完再做下一件事，反而更有效率，更容易出成果。一次只做一件事，可以将注意力高度集中，从而极大地提高工作效率。

盛大网络创始人陈天桥曾说："很多成功人士其实都是偏执狂，他们一旦认准了一件事情，就会坚持下去，从不会半途而废，也不会轻易改变目标，直到取得成果。"的确，如果一个人能够围着一件事情转，那么全世界都有可能围着他转。

一个人的时间和精力是有限的，无法同时做好几件事情，所以应该将事情按轻重缓急排好序，一件件处理，这才是最有效率的工作方法。而且，对一个人来说，如果一生能将一件事情做到极致，往往也会成就一生的功名。

袁隆平，中国杂交水稻之父，他心无旁骛，一生致力于杂交水稻的研究，取得无数荣誉，并赢得了世界各国的赞誉。

1973 年，袁隆平率领科研团队在中国进行系统的杂交水稻研究。在研究过程中，他和团队遭遇了种种考验：特殊年代遭受的人身冲击、自然灾害的打击、禾苗样本被人为地毁坏，但是，这一切都没能让他们动摇。袁隆平和团队始终认为杂交水稻一定可以研制成功。

在专注与坚持之下，杂交水稻研究不断取得突破，水稻亩产量从 400 公斤到 600 公斤，再到 800 公斤，他们定下的目标被不断突破。杂交水稻的成功不仅解决了中国人的吃饭问题，也帮助世界上更多的人摆脱了饥饿。

美国农业经济学家唐·帕尔伯格在《走向丰衣足食的世界》中写道："袁隆平在农业科学上的成就打败了饥饿的威胁。"印度前农业部长斯瓦米纳森博士曾说:"把袁隆平先生称为'杂交水稻之父',是因为他的成就给人类带来了福音。"

人在一生中会有很多目标,但是想有所成就,在一段时间里只能确立一个目标,并全力而为。而不断更换目标的做法,意味着一次次重新开始新的工作,无法将事情做到极致。因此,一次只做一件事远比一心多用更有效率。而完成一件事之后的成就感,能让人怀着愉快的心情开始做下一件事。

专注是高效的第一要素,那些看似忙碌实则一事无成的人,往往喜欢胡子眉毛一把抓,这样不但效率低下,而且很难取得成果。任何时候,一心一意做好一件事,是有所成就的不二法门。

经验为什么会变成陷阱

经验是指你在过去的实践或学习中得到的知识和技能,包括直接经验和间接经验。任何一种经验都是人们亲身实践获得的,都能帮助人们在以后的工作和生活中少走弯路、提高效率。

但是,任何事情都有两面性,经验也不例外。善于运用经验并加以创新的人,更容易有所作为;那些囿于狭隘经验而不知变通的人,往往陷入经验编织的陷阱,很难进步和突破。对此,必须保持警惕。

一只蜻蜓飞累了,停在路边的石头上休息。这时,它发现不远处有一只蜥蜴正在慢慢靠近自己。按照正常的逻辑,蜻蜓应该火速离开这个不安全的地方,它却无动于衷,依然悠然自得地停在石头上。之所以这样，是因为以往它遇到蜥蜴都能够平安地逃脱。

蜻蜓认为，蜥蜴是爬行动物，要想抓住自己简直是痴心妄想。因此，每次遇到蜥蜴它都不慌不忙，等休息够了才会飞走。可惜这次发生了意外。蜥蜴如一条黑影般快速扑了过来，终结了蜻蜓的性命。

作为飞行高手的蜻蜓怎么也想不到会栽在这只不会飞的蜥蜴手上。这就是经验带给蜻蜓的血淋淋的教训。

自己成功的经验，抑或他人成功的经验是一笔宝贵的财富，如果过分相信和依赖这种经验，忽略了客观现实，那么迟早要付出代价，掉进经验的陷阱里。

经验为什么会变成陷阱呢？概括起来，主要有以下几个原因：

（1）事情是不断变化和发展的，你从课本或他人那里学会的经验并不完全符合当前的情况。当然，我们并不是否认经验的正确性，而是强调应该具体问题具体分析。

（2）科技日新月异，唯有敢于突破经验的束缚才能有所建树。科学技术的不断发展告诉我们，如果一味地因循守旧，遵循固有的经验，必然被淘汰。

（3）经验是人们通过不断实践和学习获得的财富和智慧，因此你应该根据自己的能力持续学习，并适当做出改变，以适应新的局面。如果只相信课本或他人的经验，就有可能在工作和生活中栽跟头，步入经验所编织的陷阱里，失去方向。

没有人一生下来就会处理事情、解决问题，唯有不断学习和实践，才能持续进步。

第11章
复盘逻辑 | 优秀的人善于把经验转化为能力

不要拒绝看似不可能完成的任务

1927年，鲁迅先生在《无声的中国》一文中写道："中国人的性情总是喜欢调和、折中的，譬如你说，这屋子太暗，须在这里开个窗，大家一定不允许的，但如果你主张拆掉屋顶，他们就会来调和，愿意开窗了。"后来，人们将这种心理叫作"拆屋效应"。

人类有两种本能：战斗和逃跑。毫无疑问，战斗需要消耗更多的能量，因此逃跑成为人类生存下去的有效手段。但是，周围环境在不断变化，如果固步自封，就将面临被淘汰的压力。

当一件看似不可能完成的任务摆在面前时，大多数人出于本能会后退一步，选择把烫手的山芋扔给别人。这样做的结果是，他们可能终其一生都没有勇气向不可能完成的工作发起挑战。而情商高的人，即使没有在面对"烫手山芋"时主动请缨，也不会说"我做不了"这样的话。

李伟在公司工作多年，虽然没有任何职位，但为人稳重，任劳任怨，得到了公司大多数人的肯定和赞赏。大家都认为，他升职是迟早的事。

有一天，经理得知外地一个小城镇需要公司的产品，便有意选派人员前往。大家都知道这项任务艰巨，纷纷退避三舍，李伟看到这种情况，就主动承担了这项任务。

不出所料，李伟在小城镇接连遭遇挫折。他在该城联系了几家工厂，虽然事先和几家工厂的负责人通过电话，但到那里之后，他发现要和一群素未谋面的人建立信任、达成共识并签下合同，简直太难了。

尽管如此，他仍然详细介绍了本公司的产品，还真诚地给那些工厂做赢利分析。

这一天，李伟偶然遇到了一个只有一面之缘的客户，虽然并无业务来往，李伟却准确地说出了对方的名字，令客户大为感动，双方很快签订了合作协议。在这个客户的带动下，有好几家公司也和李伟签了约。当他准备离开小镇的时候，签约的客户已经达到8家。

经理得知李伟要回公司，不仅亲自迎接，还送上了一份迟到的任命通知。原来，当李伟主动接下这个任务的时候，总经理就决定给他升职了。

很多时候，人们会将眼前的困难放大，尤其在面对领导分配的难以完成的任务时。殊不知，这样的任务虽然要求很高，但上司的心理期望值并不高。

此时，如果你习惯性地说"我不行"，领导可能会觉得你真的不行，以后就不会给你派任务了。这样一来，你虽躲避了挑战，但同时也失去了机会。相反，如果你先把工作接下来，然后抱着"这个我做起来有点难，但是我会努力"的心态做事，最后就会有超乎想象的收益。即使完成得不够好，你也不会损失什么。

"只要有无限的激情，几乎没有一件事情不可能成功。"平庸的人喜欢用"不可能"，他们总是说这不可能，那不可能，其结果就是真的不可能了。

如果你想有所作为，就不要拒绝看似不可能完成的任务，应该用一种良好的应战心态，勇于接受挑战。许多事情看似不可能，其实是功夫未到。

掌控时间才能掌控一切

时间是人生最宝贵的财富,有智慧的人都知道时间的重要性,将时间视为生命。他们不会说"等一会儿再做",更不会说"明天再做",而是说"现在就做"。

重要而紧急的事情必须抓紧去办,这样才容易把控好进度,并在短时间内看到效果。事实上,任何浪费时间的行为都是慢性自杀。如果你想成为高效能人士,首先要懂得珍惜时间,管理好时间。

本杰明·富兰克林是科学界的泰斗,曾获得哈佛大学的荣誉学位。

有一位年轻人提前约好时间,准备登门拜访。到了约定的时间,年轻人很守时地来到了富兰克林家。只见房门是打开的,屋子里乱七八糟。富兰克林看到年轻人之后,说道:"你现在看着时间,请给我一分钟。"

说完,富兰克林关上了房门。一分钟之后,房门打开,房间已经收拾得非常整齐了。随后,富兰克林将年轻人请进屋里,递过来一杯红酒,说道:"喝完你就可以走了。"

年轻人有些摸不着头脑,他想请教的问题还没问呢,怎么就让他走呢?富兰克林笑了笑,说道:"你想请教的问题,我已经给你答案了,不是吗?"年轻人略加思索,明白了。

年轻人谢过富兰克林,离开了。后来,这位年轻人也成了一名科学家。那么,富兰克林到底给了年轻人什么答案呢?原来,富兰克林用自己的实际行动告诉年轻人:不要小瞧一分钟,一分钟可以做很多事情。年轻人在得到这个答案之后，倍加珍惜时间，并取得了很多成就。

这件事让我们明白，任何取得成功的人无不是珍惜时间的人，唯有把握好时间、管理好时间，才能不断取得成功。这一点，许多成功人士已经用事实证明了。那么他们如何管理自己的时间呢？

（1）养成提前制订计划的习惯

每天需要处理的事情太多，如果不提前做好计划，一定会感到混乱无比，手忙脚乱。如此一来，必然会浪费很多宝贵的时间。如果提前做好计划，安排好每件事情，那么一切都会有条不紊，效率会大大提高。

（2）今日事，今日毕

做任何事情都要坚持"今日事，今日毕"，绝不拖延到明天，千万不要放纵自己养成拖延的坏习惯。无论遇到什么困难，都要想办法解决，不要找借口，不要一拖了之。

（3）持续提升你的办事效率

提高效率是另一种意义上的珍惜时间。如果一个人看起来很忙，把别人喝咖啡的时间都用在了工作上，然而效率太低，这仍旧不值得夸赞。

人与人之间的学识、素养有时相差并不大，有的人之所以有所成就，是因为有科学的时间管理术。懂得时间的宝贵，充分利用好有限的时间，会改变你的命运。

聪明人都允许自己出错

生活中，每当出现错误时，人们通常的反应是："真是的，又错了，真是倒霉啊！"更有甚者，要么抓住别人的错误不放，要么纠结于一时的失误，陷入懊悔、愤怒等情绪中，严重影响办事的效率。

殊不知，人类即使再聪明也不可能把所有事情都做得完美无缺。聪明的人允许自己犯错误，他们认为，错误的潜在价值对创造性思考有很大的作用。如果想取得成功，就不能回避错误，而是要正视错误，从中汲取经验教训，让错误成为走向成功的垫脚石。

有一次，丹麦物理学家雅各布·博尔不小心打碎了一个花瓶。他没有像常人那样懊悔叹惜，而是俯下身子，小心翼翼地将满地的碎片收集了起来。

出于好奇，雅各布·博尔并没有把这些碎片扔掉，而是耐心地将其按照大小进行分类，并称出了重量。结果，他发现：10～100克的最少，1～10克的稍多，0.1～1克和0.1克以下的最多。

令人惊喜的是，这些碎片的重量之间存在一定的倍数关系，即较大块的重量是中等块重量的16倍，中等块的重量是小块重量的16倍，小块的重量是小碎片重量的16倍……

雅各布·博尔将这一原理称为"碎花瓶理论"，并利用这个理论对一些受损的文物、陨石等不知其原貌的物体进行修复，给考古学和天体研究提供了重要的工具。

从哪里跌倒，就从哪里爬起来。雅各布·博尔不小心打碎花瓶后，并没有纠结、懊悔自己的失误，而是对错误的潜在价值进行了创造性观察与思考，从中总结出规律，并将它用于工作中。

人类社会的发明史上，有许多人因为错误假设和失败观念产生了新的创意，哥伦布以为找到了一条通往印度的捷径，结果发现了新大陆；开普勒发现行星间有引力存在，是偶然间由错误的理由得出的……可见，发明家不仅不会被成千的错误击倒，反而会从中得到启发。

在创意萌芽阶段，犯错往往是创造性思考必要的助推器。谁能允许自己犯错，谁就能获取更多；没有勇气犯错，就很难突破。尝试理解和分析错误，才是进步的前提条件。这需要我们做到以下几点：

（1）接受不完美。每个人都有他人看不到的缺点，只有在特定的环境中才会显现出来，这与教育、学历都没关系。接收不完美，更容易与这个世界友好相处。

（2）不与他人比较。每个人的生活环境不一样，不必和任何人比较，保持上进心，做好自己的事，努力生活就可以了。

（3）积极应对。既然错误已经发生，那就采取措施积极应对，避免心生抱怨，甚至一蹶不振。积极作为永远是走出低谷的正确选择。

人们往往可以从尝试和失败中学习，而不仅仅从正确中学习。因此，做事不要怕犯错，犯错后要勇于从错误中找出教训，这才是走出困境的最佳药方。

| 第 12 章 |

◆

闭环逻辑

靠谱的人"凡事有交代,件件有着落,事事有回音"

在团队中,靠谱的员工能够做到凡事有交代,件件有着落,事事有回音,实现了做事不断线,在协作中完成闭环。对个人来说,打造正向闭环能力,办事简单高效,获得可预测的稳固收益,是一项强大的竞争力。

深度思考才能逼近问题的本质

人与动物最本质的区别在于，人拥有一个会思考的大脑，能回望过去、总结现在、谋划未来。正确思考，让人类的生命绽放出璀璨的光芒。而在工作中，无论是提升职业技能，还是开拓事业发展空间，思考都扮演着不可替代的角色。

许多人都认为胜任一项工作很难，如果想在岗位上有所建树则更加不易，那是因为他们缺乏机敏的思考，甚至看轻了思考的力量。不怕做不到，就怕想不到。失去了思考的能力，人就如同行尸走肉，自然无法创造性地开展工作。

没有思考，身边那些取得成功的人就不会有今天的财富和地位；没有思考，想通过培训练就出众的口才也就变得遥不可及了。因此，思考在任何时候都是一种不容忽视的力量。没有条件不可怕，只要你肯动脑筋，现实就会为你让路。

当然，事物都有两面性，思考同样也有积极、消极两种影响。通常，正面积极的思考可以帮你披荆斩棘，负面消极的思考会把你逼进死胡同。具体到工作中，遇到问题的时候想办法而不是找借口，研究解决问题的策略，并对未来有所设计、规划，你就能在工作中掌握主动权，取得更多业绩。可以说，什么样的工作心态成就什么样的工作状态。

有一位朋友经过多年奋斗功成名就。在讲述自己的成长经历时，他谈到了对其事业发展影响最大的两个人，其中一个人是他的父亲，另一

第12章

闭环逻辑 | 靠谱的人 "凡事有交代,件件有着落,事事有回音"

个人是刚参加工作时遇到的部门经理。

早年,父亲在家乡的小镇上开了一家电影院,一直都有优惠活动,每天还要发放几张免费电影票给优秀教师、退伍军人、孤寡老人,因此在小镇上广受好评,生意一直很不错。直到有一天,父亲发现手里的免费票竟然出现了剩余,于是思考该怎么办。当他看到门口玩耍的孩子时,突然想出一个主意:请玩得最脏的孩子看电影。

这一举动让很多人非常吃惊,因为一直以来免费票都是给那些值得尊敬的人,眼下却给了几个脏孩子,这算什么呢?但父亲的这一举动还是迎来了更多的赞誉,大家纷纷称赞这是一种人性化的经营方式,并吸引了更多的人来光顾电影院。显然,父亲的经营智慧在他的记忆里留下了深刻印象,并影响到他日后的发展。

而刚参加工作时遇到的那位经理,对朋友说过一句话:"你要记住,马更有力气,狗更忠诚。你作为人类的唯一长处就是能动脑筋,这种智慧是你唯一能超越它们的地方。"苛刻的语气让这位新人尴尬了好久,他却牢牢记住了这位前辈的忠告,从此他便时刻用这句话激励自己。

如何才能学会正确思考呢?简而言之,正确的思考是以两种推理作为基础的,一种是归纳法,一种是演绎法。归纳法就是从部分导向全部,从特定事例导向一般事例,以及从个人导向群体的推理过程。它是以经验和实证作为基础,并从基础中得出结论。演绎法就是以一般性的逻辑假设为基础,得出特定结论的推理过程。

举一个简单的例子,用石头可以打碎玻璃,而且无论什么样的石头,都能把玻璃敲碎，反复几次之后，你就可以归纳出"玻璃是易碎的，而石头不会碎"，这就是归纳法。根据这个结论，可以进行演绎推理，又会知道其他不易碎的东西也会打坏玻璃，而石头也会破坏其他易碎的东西，这就是演绎法。

运用上面两种推理方式，可以反复审查自己的思考结果，保证思考的正确性。不仅如此，你还可以审查别人思考的正确性，帮助别人避免思考的负面影响。

除了学会归纳法和演绎法，还要学会分辨接收到的信息，并将这些信息分类。比如：哪些是事实，哪些是谣言，哪些又是未经验证的假设；事实中哪些是重要的，哪些是次要的。

当然，不是每一件事情都需要你来思考，如果你不是科学家，只是一个上班族，那就不必整天思考有没有外星人，而应该想象如何处理好家庭问题，从而保证工作顺利，或者，思考一下如何提升效率，在下半年考核中拔得头筹。

每个人只能接受以事实为基础或者有科学论据佐证的意见，为此也会要求别人提出以事实为基础的意见。总之，正确思考的人不会轻易相信外界的信息。

重视思考的力量，发挥思考的正面力量，你会受益无穷。工作中的任何问题都是通过周密思考才找到解决之道的，而个人工作能力的提升也离不开思考的帮助。出色工作，并取得相应的业绩，务必要用心做事，而思考是用心的具体表现形式。

第12章
闭环逻辑 | 靠谱的人 "凡事有交代，件件有着落，事事有回音"

培养高效的工作习惯

很多人工作时经常忙得团团转，一天东奔西跑，非常辛苦。在别人眼中，他们很勤劳。可是回头想想，尽管他们非常忙碌，却没做出什么业绩。虽然每天看似很充实，没有一刻闲暇时间，工作却没有预想的那么出色，这样难免会打击人的积极性。

忙碌，但是业绩差劲，原因在哪里呢？忙碌不一定是好事，工作业绩也与忙碌没有必然联系。有时候不是你不努力，而是没有良好的工作习惯——分不清主次，不知道先干什么后干什么，没有合理的工作计划，势必一事无成。

通过对身边朋友的观察与多年的研究，我们可以总结出四种良好的工作习惯，希望帮助更多的人学会工作，主动发现并享受工作带来的快乐。

（1）留下与工作有关的东西，拿走没用的东西

在公司里，不管是小职员还是公司高层，看见办公桌上堆积如山的文件或者杂乱的信件、报告、备忘录等，都会感到厌烦。这种画面总让人感觉有做不完的事，分不清头绪，以致产生忧虑的情绪。

显然，一个整洁的环境能营造出轻松的工作氛围，让各项事务变得容易处理。芝加哥和西北铁路公司的董事长罗西·输廉斯曾强调，一个书桌上堆满了文件的人，若能把混乱的桌子清理一下，留下手边待处理的一些事情，就会发现原来工作这么轻松。罗西·输廉斯把这种清理叫

作"料理家务",它是提高效率的第一步。

(2)以事情的重要程度为标准确定工作的顺序

萧伯纳在成为伟大的戏剧家之前,只是一个小小的银行职员。长期以来,他梦想成为一名剧作家,为此一直努力不懈。工作中,萧伯纳有一个原则就是先做重要的事。他每天至少写满五页字,一直坚持了九年。重要的事要安排在最前面,做好规划再一步步向目标迈进,这就是萧伯纳成功的原因。

富兰克林·白吉尔是美国最成功的保险推销员之一,其制胜之道在于每天晚上都能将第二天要做的事列在纸上,按事情的轻重缓急安排工作的顺序。这样做,大多数事情都能有条不紊地完成,虽然不能完全按计划进行,但是办事的效率大大提高了。

(3)必须解决的事情当天或当场解决,不能拖延

经常看到一些公司的员工开完会后,带着很多资料回家。原本可以陪伴家人,却把工作带到家里,占用与家人享受休闲时光的时间,不能不说是一种遗憾。这种情况的确令人感到烦躁,并影响与家人的感情。此外,带着消极情绪在家工作,相比在公司很难有出色的表现。追根溯源,这都是工作中办事拖延带来的恶果。

试想一下,如果会议上的内容能在现场解决,当天要完成的工作不拖延,员工就没必要带着大量的资料回家加班了。况且,因为忙不完工作而忧虑,这势必影响以后的工作情绪,降低工作效率。相反,如果能让员工高效率工作,享受工作的激情与生活的闲暇,必然能提高公司的经济效益,也有助于长期保持员工的工作积极性,这就是双赢。

（4）学会在工作中组织、分层负责和监督

有一个朋友工作能力很强，上班时业绩突出，后来因为表现卓著升职为经理。可是，他在升职后变得忧心忡忡，仍然像以前一样亲力亲为，效果却并不好。因为他不懂得把工作分配给下属，自己一个人包揽了大量工作，很多细枝末节根本无法顾虑。最后，整个人变得焦虑、紧张，工作业绩难以令人满意。

作为一个职员，你可以不懂得分工，只要将上级分给你的工作干好就行。但是，如果你是一个主管，还单打独斗做事，甚至包揽了下属应该干的事，那就是自掘坟墓。因为升职意味着要学会管理，学会组织工作，并且监督下属，给他们意见和建议。否则，那么多具体的工作会让你忙得团团转，由此所造成的精神压力完全可以压垮一个人。

上面这几点是非常有价值的工作建议，如果按照这四个习惯去做，你完全可以减轻身上的压力，不会再因工作而忧虑。请牢记，良好的工作习惯能帮助我们享受工作、享受生活。希望更多的人可以抛开忧虑，充实地工作，快乐地生活。

牢记一万小时的成功准则

20世纪90年代，诺贝尔经济学奖获得者赫伯特·西蒙、心理学家安德斯·埃里克森共同提出了"一万小时天才理论"。这一理论告诉人们，"天才"之所以非比寻常，不在于天赋异禀，而是对某项技能进行了一万小时的训练。也就是说，进行至少一万小时的专业训练，你就能拥有一项世界级的才能。反过来说,在任何一个专业领域,如果缺少"一万小时"的训练,即使有再突出的先天优势,也不能成为这一领域的领军人物。

一万小时是一段很长的时间,如果每天练习 3 小时,每周练习 7 天,那么你需要 10 年的时间才能达成一万小时的练习量。如果没有超人的毅力,恐怕很难坚持下来。那些成功的专业人士之所以成为行业领军人物,也可以用"一万小时天才理论"来解释。

投入精力和热情学会一种技能非常重要,无论它多么简单。但是,能够持之以恒地付出,成为业内专业人士,就不是常人能够轻易做到的了。在漫长的努力过程中,你要忍受寂寞、煎熬、枯燥,当心绪不平的时候,如果没有强大的自控力,显然无法坚持到最后。

披头士是最受欢迎的摇滚乐队,这支来自英国利物浦的乐队成立于 1960 年,此后取得了巨大成功,也赢得了无数荣誉。这不仅归功于他们在摇滚乐方面的创新,还离不开他们的努力与坚持。

起初,这支乐队并无名气,一个偶然的机会被邀请到德国汉堡表演。在那里,他们每天晚上演 5 个小时,一周至少演 6 天。在 1960 年到 1962 年间,披头士乐队往返汉堡 5 次,第一次就演出了 106 个晚上,第二次演出了 92 个夜晚。第三次演出 48 场,共 172 个小时。

在 1964 年成名之前,他们其实已经进行了大概 1200 场演出。与现在的乐队相比,这个数字是多么非凡,频繁的演出锻炼出他们非凡的唱功,筑就了披头士的辉煌。正是惊人的努力让这支乐队大放光彩,赢得了世界人民的喜爱。

第12章

闭环逻辑 | 靠谱的人 "凡事有交代，件件有着落，事事有回音"

也许大部分人都会认为，披头士的成功主要依赖四个人的才华，他们的成功离不开他们与生俱来的音乐天赋。但是，他们坚持不懈的练习也是日后辉煌的保证，这为他们以后的演艺道路奠定了坚实的基础。

在任何行业、任何领域，只有不断坚持练习，让工作技能越来越熟练、专业经验越来越丰富，你才能展示出高超的专业素养，赢得成功的机会。

人生短短数十载，如果不能珍惜积累、沉淀的机会，而是在工作中抱怨怀才不遇，或者虚度时光，终将没有长进，反而会随着时间的流逝与他人拉大距离，日后望尘莫及。与时间相比，一个人的才华和能力都是有限的，唯有勤奋努力、日益精进的人才能成为行业的佼佼者，凭借他人无法超越的专业素养与竞争优势，在业内站稳脚跟。

当年，梅尔·吉普森为了拍好《勇敢的心》，花费了几年的时间泡在图书馆，了解角色以及故事发生的时代背景；罗伯特·迪尼罗在《愤怒的公牛》中为了演好一名拳击手，在短短几个月内增重60磅，同时又在几个月内减重60磅……有才华的人都这么努力，你还有什么理由懈怠呢？

机会总是青睐肯努力、有准备的人。肯下笨功夫做事，抛弃自怨自艾，静下心来投入到工作中去，通过训练、努力将自己的才华和能力提升到新高度，在自己的岗位上发光发热，你就是一个不平庸的人。

不管多么困难的工作，多么难掌握的技巧，只要坚持不懈地磨炼自己，终有一天会达到理想的目标。一个成功者从来不会对困难屈服，他总会坚持自己的理想，不厌其烦地让自己离成功更近一步。

主动寻求支持

每个人都处在特定的社会环境中，与各种各样的人交往，形成特定的关系网络——亲人、朋友、同学、同事、合作伙伴等。这些人是我们物质或精神上的助手。

许多事情注定无法一个人解决，如果无法获得外界支持，会显得力不从心、劳心劳神。当你陷入焦虑的时候，不妨向周围的人寻求帮助，这样肩上的重担自然会减轻许多。

家人和朋友永远是我们坚强的后盾，除了一起分享快乐，他们也能帮忙分担痛苦。有了精神交流的对象，遇到麻烦的时候自然有倾诉的窗口，也能从中得到中肯的建议。请牢记，你不是一个人孤独地活在世上，外界的社会支持能帮你迅速打开局面。

杰克从小在美国的一个村庄长大，后来为了寻找优质的工作，与朋友们来到大城市。多年来，做一名工厂保健医生是杰克的梦想，为此他决心找到适合自己的发展平台。

令人沮丧的是，杰克花光了随身携带的钱也没有达成愿望，最后只好到一家工厂做保安，暂时维持生计。微薄的薪水不足以让杰克应付在大城市生活的开销，他一度陷入紧张拮据的生活中，并为此变得郁郁寡欢。后来，他不得不求助于朋友介绍的心理医生。

心理医生问："你现在打算做什么？"

杰克说："我想考临床助理医生资格证书，因为一旦有了证书，今

第12章
闭环逻辑 | 靠谱的人 "凡事有交代，件件有着落，事事有回音"

后的生活就会改善，日子也会安定很多。我很清楚，为此要多读书，但是始终无法专心学习，甚至一看书就会走神。"

心理医生问："注意力不集中，你主要想什么事情？"

杰克说："我畅想考试过关后如何开始新的生活，更担心考试不过关，如何面对未来的生活。如果考试失败，我不敢告诉父母，觉得愧对他们。也不愿意和同学联系，让大家耻笑。"

……

聊天结束的时候，杰克虽然没有从医生那里得到具体的建议，但是他明显感觉心里舒畅多了。这是他最近说话最多的一天，平时身边没有人陪着他聊天。

心理医生发现，杰克在认知上过于绝对化、片面化，经常否定自己，把不利的一面放大。由于不擅长寻求社会支持，杰克经常会因为一点点失误而陷入焦虑。

很多人都有过杰克的经历，缺乏社会支持和帮助，也没有人可以提供合适的意见和建议。结果，他们做事的决心往往不够坚定，并为此劳心伤神。如果他们和家人住在一起，或者经常与朋友沟通，就会有一个社会支持系统存在，令他们避免陷入空虚和无助。

我们都希望获得精神上的满足和实现自我价值，简而言之就是获取幸福。很多人拼尽全力去追求成功，获得高人一等的优越感，一番付出之后却未必得偿所愿。显然，孤军奋战是做事的大忌。

有智慧的人懂得借助外力解决各种麻烦，化解眼前的难题。遇到麻烦事的时候，别一个人扛着，向周围的人寻求支持和帮助，许多问题就会迎刃而解。这既是做事的方法，也是保护良好状态的策略。

许多时候，与其用不断取得成就来满足自我，不如启动我们的"社会支持系统"，从良好的人际关系中获得温暖、爱、归属感和安全感，这样自然容易突破眼前的困局，迎来意想不到的收获。

利用逆向思维考虑并解决问题

很多人在面对问题的时候，一般都会按照自己的惯性思维考虑并解决问题，从没想过尝试新方法。如果你正在为眼前的事耿耿于怀，找不到解决的办法，不妨利用逆向思维寻求答案，往往会有惊喜的发现。

这个世界丰富多彩，充满了无限可能，不必为了暂时的失意而懊恼。在有限的生命里，为何要固守一隅呢？当你告别墨守成规的心理，会发现一个全新的世界，一个真实的自我。

一家三口从农村搬到城市，准备找一处房子租住。大多数房东看到他们带着孩子，拒绝出租。最后，他们来到一个二层小楼的门前，丈夫小心地敲开了大门，对房子的主人说："请问，我们一家三口能租住您的房子吗？"

房主看了看他们，说："很抱歉，我不想把房子租给带孩子的租户。要知道，孩子非常吵闹，我需要安静。"再一次被拒绝，夫妻两个显得非常失望，拉着小孩的手转身离开。

孩子把这一切都看在眼里，走了没多远，他转身跑回来，用力敲了敲大门。房子的主人打开门，疑惑地打量着眼前的小家伙。小孩突然对房东说:"老爷爷,我可以租您的房子吗?我没有带孩子,只带了两个大人。"房东听完孩子的话,哈哈大笑,最终同意把房子租给这一家三口。

其实,事情没你想象的那么难,只是自己被逼入绝境,陷入了思维定式而已。如果你懂得转换思维,自然容易走出困局。

在这个世界上,一个能够进行反向思考的人,才是真正聪明的人。学会逆向思考是如此重要,然而在我们身边,很少有人把它当作一种技能加以训练。人们喜欢遵从习惯的力量,不懂得放弃眼前的一切重新思考,结果丧失了创新思维,让视野变得狭小。

经常听到各种各样的抱怨,许多人因为无法摆脱眼前的窘境而懊恼,甚至激化矛盾。大多数人总是产生这样的疑问:为什么我这么笨?其实,只要转换方向,就能发现另一个世界,找到正确答案。

在各自领域有所成就的人厌恶一成不变和因循守旧。他们敢于创新,敢于打破常规,敢于质疑,敢于做出改变。逆向思维是解决问题的有效办法之一,当你陷入固定思维模式的窠臼而自怨自艾时,不妨用逆向思维解决问题,迅速从失意和烦恼中解脱出来。

出了问题不找借口才靠谱

莎士比亚曾在《恺撒大帝》中写道:"亲爱的布斯诺,这样的错误并不应归结于我们所属的星座,而是我们养成的长期听命的习惯。"一个人犯了错,最重要的是从自身寻找原因,而不是把责任推卸给对方。那些习惯找借口的人大多在心灵上不成熟,也很难具备高效的办事能力。

很多人在工作中碰壁以后，经常不停地抱怨："如果不是……我本可以早点到的；如果不是太忙，我早就……我之所以没有按时交工，是因为……"久而久之，这些所谓的借口就成了自然而然的事情，成为推诿与迟延的理由。

人们总是习惯于置身事外，将过错推到别人身上，并想方设法逃避责任。为了确保自己的利益不受损害，有的人还会找出种种借口欺骗他人，也欺骗自己。

遇事总是找借口是一种不称职的表现，当事人无非是想暂时摆脱困境，获得心理上的一些慰藉罢了。问题是，一个人如果频繁推脱责任，必然丧失领导、同事的信任，对积极主动完成工作任务也是一种极大的伤害。

一个无时无刻不在找借口的人，一个从来不觉得自己有错的人，一个不愿为自己的过错担责的人，无法得到他人与组织的认同，也很难成为担当重任的靠谱伙伴。

其实，工作中难免犯错，任何人都不可能例外。面对犯错这件事，没有人会因为一时的错误而彻底失去机会。但是，当一个人犯错之后表现得很无辜，并习惯找借口将责任推卸给外界，那他给人的第一印象就是不靠谱，不值得托付重任。

迟到了，与其把堵车当借口，不如承认自己没有计算好时间；没完成任务，与其将责任推给停电这件事，还不如承认自己没料到意外；违反了公司的规章制度，与其把问题归结为个人粗心，不如诚心道歉并接受处分。

第12章

闭环逻辑 | 靠谱的人"凡事有交代，件件有着落，事事有回音"

必须承认一点，找借口从来就是弱者的行为。犯错并非天大的事，错了就承认，没有什么大不了。然而犯错后找借口，那么你的过错不仅不会减少，反而会加上一点——推卸责任。这样的人不可能高效地完成工作。

对任何组织来说，他们需要的不是找借口的人，而是想尽办法去完成任务的人。习惯为自己找借口的人浪费了宝贵的时间，导致工作效率低下，影响了工作进度。说到底，这样的人缺乏高效的执行力，注定无法获得被委以重任的机会。

| 第 13 章 |

◆

博弈逻辑

逆转局势，让你的获胜机会更大

做事的真谛无非是懂博弈、知进退。冒进而不知后退之人，其勇气固然值得赞赏，但大多时候都是莽夫之举。健康的野心是一种积极进取的力量，但野心要建立在理性思考和行动的基础上。不成功绝不罢休是一种优秀品质，但敢于撤退才是伟大的将军。在万丈深渊面前，只有愚蠢的人不懂得回头。

在权力最大时说出条件

很多人不会说话，并非知识面窄、表达能力差，而是不善于把握说话的时机，结果总是说错话，在沟通中处于不利地位。谈判的时候，把握好时机尤其重要，而最有利的时机是在权力最大的时候。

双方坐到谈判桌前，显然是为了获得更大的收益。为此，各方会根据局势判断自己的优势和劣势，进而采取有效的应对措施，在占据优势的时候将利益最大化，处于劣势的时候则将损失最小化。因此，谈判成功的关键是准确把握时机，并根据时机制定相应的对策。

在谈判中，许多时候会感觉很无助，显然是时机还没到。此时，你在谈判中的权力还不够大，需要忍耐一时，尽量不与对方发生正面冲突。只有避过对方的强势期之后，才能迎来自己的强势期，此时一定要果断站出来，提出自己的条件。

一家超市严格奉行的经营宗旨是：尽量采购并出售当地的农产品。顾客很喜欢这种做法，当地的农户也因此受益。起初，供应蔬菜的厂商有两家，后来一家供应商卖掉业务，转型从事其他行业，超市只能从另一家采购蔬菜。

不久，唯一的蔬菜供应商要求涨价。由于坚守当地采购的宗旨，超市只能默默接受对方的条件。这家超市在当地运营着十多家分店，由于供应商垄断了市场，所以它的谈判力已经丧失殆尽。

于是，超市负责人决定与买下第一家供应商业务的企业谈判，并提议双方合资建立种植大棚，并承诺一半的蔬菜供应超市。丰厚的利润让这家种植企业动了心，于是爽快地答应合作。

几个月后，蔬菜大棚建立起来了。然后，超市负责人找到原来唯一的供应商，商谈新的合作条件。此时，这家涨价的供应商已经有了竞争对手，超市负责人有了强大的谈判力。最终，超市提出价格降低百分之二十，否则将停止采购蔬菜。没有任何悬念，超市成功地将进货价格恢复到以前的水平。

准确把握谈判时机很重要，超市只有一个供应商的时候，明显处于劣势，只能默默忍受对方涨价。但是，超市负责人没有坐以待毙，而是想办法自救。通过与另一个蔬菜种植大户合作，超市拓展了进货渠道，也占据了价格优势，最后逼迫原来唯一的供货商降价，成功达成了目标。

谈判讲究实力和局势，它们是不断变化的。当我方实力逐步强大的时候，会获得谈判优势，拥有巨大的话语权，此时说出新的条件，对方往往没有实力应对，唯有乖乖就范。在我方权力最大的时候提出对自己有利的条件，这是谈判的金科玉律。

谈判桌上，占据优势的时候心生仁慈就是对自己最大的伤害。把握好谈判时机，一旦掌握谈判主动权务必果断提出有利于我方的条件，这样才能在博弈中实现利益最大化。

"囚徒困境"中的占优选择

所谓的"囚徒困境"，是博弈论的非零和博弈中最具代表性的例子，反映出个人最佳选择并非团体最佳选择。

这个概念来自一个逻辑故事，两个犯罪嫌疑人作案后被警察抓住，分别关在不同的屋子里接受审讯。警察知道两个人有罪，但缺乏足够的证据。警察告诉他们：如果两人都抵赖，各判刑1年；如果两人都坦白，各判刑8年；如果两人中一个坦白而另一个抵赖，坦白的人获得自由，而抵赖的人判刑10年。

这个时候，两个被捕的囚徒之间就展开了一场特殊的博弈。通过推理就会发现，即使合作对双方都有利，想达成合作也是困难的。

囚徒困境在生活中随处可见，尤其是与人合作的时候。一种是失败了，承担后果；另一种是成功了，得到奖赏。这都需要双方合作从而把风险降到最低，并实现利益最优。回到上面的逻辑故事，如果两个人都抵赖，各判1年，这样的结果是最好的了。从整体上看，所有的组合，都比这个付出的代价更大。

人的本性是趋利的。这在整个生物界都适用，每个人都希望自己是无罪释放的那个，结果往往是聪明反被聪明误，变成两个人一起承担最重的惩罚。

李强和王涛都是刚刚入职的管培生，初期的工作是到各个门店协助活动策划和执行。两个人被分到了一组，因为年龄相仿，兴趣相投，双方聊得很投缘。但是在一次活动中，两人所负责的一个门店在展销中损坏了商品。

当时，现场情况很复杂，没有发现是谁损坏了商品。根据事先约定，活动的具体负责人要承担相应的损失。于是，公司领导找到李强和王涛，询问具体责任是怎么落实的。

两个人都明白，如果主动把责任推给对方，领导分别核实，自己的话就不可信了。显然，只要有一个人说的情况不一样，领导就会在心里埋下怀疑的种子，他们也会给外界留下缺乏担当的印象。

毕竟两个人是同事，而且聊得来，所以他们决定直接说明客观原因，然后主动表明自己的失职之处，但是只字不提对方。结果，领导听了他们各自的陈述，认可了这种说法，只让他们承担了部分损失。

从这个故事可以看到，如果想从困境中走出来，千万不要推卸责任。在任何地方，推脱责任的人都不受欢迎，因为缺乏担当的人无法承担重任。反之，如果主动承担责任，反而会因为赢得信任得到最轻的惩罚。

除了肯负责，还需培养自己的忠诚度，这也是摆脱困境的有效办法。忠诚于彼此的人不会出卖对方，也不会被出卖，所以会最大程度上减少外界的伤害，实现双赢的目标。

逃离"博傻理论"的怪圈

1919年8月，凯恩斯拿着几千英镑做长期外汇投机生意。他用4个月的时间，赚得1万多英镑，然而过了3个月，他把本金和利润都赔光了。7个月后，凯恩斯转行棉花期货交易，再次取得成功。到1937年，他已经赚取了一辈子都享用不完的巨额财富。

凯恩斯在投机生意中总结出了一套理论，即"博傻理论"。具体来说，它是指在投机市场中，许多人愿意花高价买一个价值相对低的东西，因为他们觉得会出现更无判断力的傻瓜,并且对方愿意出更多的钱购买。

"博傻理论"认为,只要出现一个比自己更傻的傻瓜,那么在投机过程中就能获利。实际上,博傻理论并不完全正确,因为聪明人反而更容易被影响。

1630年,荷兰人培育出了颜色和花型都十分独特的郁金香品种。凭借稀有性和高雅脱俗的美,这种郁金香被当时许多王公贵族作为身份和权力的象征。于是,嗅到商机的投机商开始恶意囤积郁金香,并引发了一场疯狂的全民投机热潮。

一时间,人们争相进行郁金香球茎的投机,导致国家其他行业的发展停滞不前。人们纷纷用土地、房屋等不动产置换郁金香种子,妇女们甚至变卖衣服、首饰和心爱的家具购买,渴望一夜暴富。人们的欲望已经膨胀到了无以复加的地步,郁金香的价格不断创出新高。

这种混乱局面一直持续到1653年11月的一天。一位对此一无所知的水手来到荷兰郁金香交易市场,他擦了擦随手捡起的一颗郁金香种子,三两口便吃了下去。所有人都呆呆地看着水手,水手也奇怪地看着大家,不过他只是觉得这颗"洋葱头"的味道独特而已。

水手的举动让所有人顷刻从一场持续了多年的美梦中惊醒。梦境中,大家仿佛被一股无形的力量控制住了,关心的只是不断上涨的郁金香的价格。清醒之后,人们开始大量抛售郁金香,结果郁金香价格暴跌不止,欲望的泡沫破灭了,许多人一夜之间一贫如洗。

"郁金香事件"是"博傻理论"最典型的案例。其实,人们早已经意识到郁金香的价格远超本身的价值,但是人们也相信会有更傻的人出现，并以更高的价格买走自己手上囤积的郁金香。最终，这种"博傻理论"使"郁金香泡沫"越吹越大，致使千百万人倾家荡产。

毫无疑问，"博傻理论"获利的基础是存在更多的傻子，这需要准确判断世人的心理。利用"博傻理论"获利的难度很大，因为众人的心理异常复杂。一旦出现差错，"博傻理论"的使用者便会成为最傻的那个人，想操纵别人反而被别人操纵。

如果不想被别人操纵，我们需要对众人的心理进行调查和研究，从而做出准确判断。此外，保证自己处在理智的状态下，才能做出正确的判断，确保己方利益免受损失。

关键时刻亮出手中王牌

谈判讲究势均力敌，双方实力相当才会坐下来商谈合作事宜。为了在谈判中实现我方利益最大化，必须手中握有"王牌"，才能在关键时刻令对方闭嘴，从而掌握主动权。

何为"王牌"？它是己方实力的证明，而对方显然不具备这一点。有时候，它也是促成对方让步的关键性力量，确保己方权益得到有效维护。如果想在谈判中占得先机，除了掌握相应的谈判技巧和策略，还应该准备一两张秘密的"王牌"，在关键的时候给予对方"致命一击"。

李先生经营着一家大型超市，最近看上了一个不错的地段，准备开一家分店。联系到高先生之后，李先生把这块地皮买了下来。不料，在建设过程中，由于资金短缺，工程不得不停下来。

李先生一时间走投无路，找到高先生谈判，希望对方出手相助，渡过难关。然而，没等李先生说完，高先生就迫不及待地表示拒绝。随后，李先生提出了优厚的合作条件，但始终无法令高先生动心。

该亮出自己的"王牌"了，李先生对高先生说："也许你还没有意识到，工程停工对我来说的确不是一件好事，但对你来说损失更大。"高先生不以为然："这话从何说起呢？我卖的是地皮，工程停工怎么会影响到我的生意？"

李先生显然有备而来，他胸有成竹地说："如果工程停下来，对外我肯定不会说是因为资金不足，而会把原因归结为地段不好，只是想换个地方。这样一来，周围地皮的价格就会大跌，你能承受吗？"

听到这里，高先生立刻意识到问题的严重性，爽快地答应借钱给李先生。李先生在关键时刻亮出撒手锏，成功完成了一次商业谈判。

谈判是一个漫长的对话过程，其间涉及复杂的利益磨合。如果想在谈判中稳操胜券，掌握主动权，必须准备好相应的"王牌"。

"王牌"能主宰一场谈判的成败，因此何时出场大有学问。如果随随便便就拿出来，显然不能发挥其最大效力，无法取得一锤定音的效果。

一个不争的事实是，"王牌"要在关键时刻派上用场。比如，我方在谈判中陷入了劣势，或者谈判遇到了瓶颈，双方无法继续谈下去的时候。此时亮出"王牌"，可以迅速占据优势，化解谈判僵局，或者促成双方及时达成交易。

战争中讲究"出其不意，攻其不备"，谈判中也应遵循这样的策略。在对方放松戒备，或者认为胜券在握的时候，我方亮出"王牌"，往往可以令对手措手不及。然后，趁对方阵脚大乱的时候强势进攻，就可以一战成功。

让步，以退为进的博弈策略

与他人发生利益冲突和矛盾的时候，主动做一些小小的让步，这是打破僵局的博弈策略。人生在世，退一步海阔天空，忍一时风平浪静。主动退让既是心胸宽广、态度谦和的表现，也是为人处世中应该具备的基本素养。

《菜根谭》里说："路窄处，留一步让人行；滋味浓的，减三分让人食。此是涉世一极安乐法。"关键时刻能够主动让步的人可以妥善协调与他人的矛盾，不会僵化与他人的关系，因此能够把事情处理得圆满。

清代康熙年间有一位礼部尚书名叫张英，安徽桐城人。有一次，老家的人准备扩建住宅，结果与邻居在地基的问题上发生了矛盾。母亲写信给张英，让他采取措施压制邻居的嚣张气焰。

张英陷入了左右为难的境地，最后经过深思熟虑写了回信："千里家书只为墙，再让三尺又何妨。万里长城今犹在，不见当年秦始皇。"母亲看到信后立刻明白了儿子的深意，于是主动把院墙向后移了三尺。

邻居看到这种情形意识到自己的行为有些过火，也主动把院墙向后让出了三尺。就这样，两家院墙之间出现了一条六尺宽的巷道，周围的人每次谈起这件事都赞颂两家人懂得谦让，具有良好的道德修养。

张英身为礼部尚书，没有凭借自己的权势欺压他人，而是采取了主

| 人生底层逻辑 |

动让步的策略化解与邻居的矛盾，最后取得了超乎想象的良好效果，实现了和谐共生的局面。

也许有人会说，让步是懦弱的表现，这种观点未免格局太小。让步不等于懦弱，也不等于认输，退让是为了更好地前进，退一步进三步，背后的智慧才最值得玩味。

生活与工作中的矛盾不可避免，关键是要妥善解决各种问题、化解彼此的隔阂。当双方发生冲突时，一味争强好胜并非最明智的做法，主动退让能带来祥和的气氛。处理家庭、同事、邻里等各种关系，需要适时谦让，和谐相处，从而成就更多、收获更多。

保持以退为进的策略，在战略上重视对手，应该如何行动呢？老子具体谈到了四点，可以作为有益的借鉴。

（1）"行无行。"虽然已经严阵以待，却总有未部署周全的感觉，时刻保持着警惕心。只有这样，才能在情况有变时果断跟进，立于不败之地。

（2）"攘无臂。"虽然已经出击御敌，却总有力量不足的感觉。在战略上重视对方，就不至于轻敌了。

（3）"执无兵。"虽然已经把决胜之标枪扔于敌阵，却没有胜利的把握。这是制胜之际保持戒心的策略，避免因为躁进而功败垂成。

（4）"扔无敌。"虽然有雄师百万，却有手中无一兵一卒的感觉，从而确保资源部署万无一失。做到这一点，才能时刻关注事情的进展，把握主动权。

一味地前进不知后退之人，其勇气和精神固然值得钦佩和赞赏，但大多时候都是莽夫之举。待人处事时，明白退一步海阔天空，必要时主动妥协退让，对自己和他人都有好处。

不要挡别人的财路

在"利"字当头的市场中，一旦砸了别人的饭碗，必然遭到强烈反抗。因此，为人处世的原则之一是不要挡人财路，这是博弈的底线。

别人有机会升职加薪，无论你有怎样的感受，都不要从中作梗。因为嫉妒、报复而去挡人财路，事情迟早会暴露，这等于四面树敌。因为破坏别人获利的财路，而给自己带来大麻烦，确实得不偿失。

见不得别人好，是人性深处的拙劣之举。有的人看到别人挣钱就眼红，甚至不惜使绊子，结果四面树敌；有的人看到身边的人过上了好日子，自己心里不舒服，不去讨教发家致富之道，反而偷偷造谣中伤，最终迷失了心智。

胡雪岩说："做生意，场面越大越好。"平时，他非常注重场面，别人需要大场面的时候会不遗余力地捧场。善于为他人捧场而不是拆台，是胡雪岩的成功秘诀之一。正所谓"众人拾柴火焰高"，为了成就他人伸出援手，将来某一天大家也会为你捧场。

在人生博弈场上，高手不会硬碰硬，甚至不惜拆台、搞破坏。真正有智慧的人懂得人帮人，不做让人为难、愤慨的事情。表面上看是在成就他人，终极目标是得到外界大力相助，实现我方意图。

所谓"挡人财路"，就是"阻挡别人赚钱、获取利益的机会"。一

般来说,"挡人财路"行为产生的原因有以下几种:

(1)争夺:当资源有限时,因为你拿多了,我就拿少了,你全部拿了,我便没有了。为了保障自己的利益,人们会使用各种方法争夺利益。

(2)嫉妒:看到别人拿得多,哪怕多了一点点,有的人就起了嫉妒心。使用各种方法从中作梗,目的是给对方造成损失,让别人的收益减少。

(3)贪欲:人性本来就是贪婪的,对财物、名誉和地位永远不会满足。只要认为自己拿得不够多,便挡着对方的财路,企图将其据为己有。

(4)报复:与他人有怨,终于逮到机会报复一下,便挡住别人的财路。虽然自己也得不到,但是满足了扭曲的心理,得到了报复的快感。

(5)正义:看到某人以不法手段获取利益,便主动揭发。在所有"挡人财路"的行为中,唯有这种做法值得肯定和提倡。

现实世界充满了利益之争,孰对孰错很难分清。不要挡着别人的财路,是为人处世的重要原则。一旦遇到了"挡人财路"的情况,应该如何做出抉择呢?

如果为了维护我方利益而挡对方的财路,这样做可以吗?其实,与其挡对方的财路,不如自己另辟财路。因为与人为敌容易引起争夺,最后可能你什么也得不到。如果没有其他财路,倒不如坐下来谈判,利益共享。

那么,基于维护正义的目的,能不能挡人财路呢?任何时候,敢于揭发不法获利的行为,的确值得称道。但是,行动之前你要考虑清楚:

是否真的掌握了不法获利的证据？有没有把握让对方得到应有的制裁？你采取的行动符合法律规范吗？如何保护自己的人身安全？

思虑周全之后再决定何去何从，是一个人应有的理性。社会的复杂和现实的冷峻超出想象，所以无论做什么都要深思熟虑。如果时机不成熟，或者条件不具备，切勿鲁莽行动。

挡人财路的原因和手段很多，但是后果只有一个——引起对方的怨恨。对此，有的人立即做出反扑的动作，有的人"君子报仇，十年不晚"。为了不招惹麻烦，你要主动退让。

只有愚蠢的人不懂得回头

前进是生命唯一的方向，只有不断向前走，才是对生命最好的诠释，才是对生命负责，才是珍惜生命。但是，当前面的路走不通时，要懂得及时转身，回到正确的道路上来。

在漫长的岁月中，一些令人懊恼的事情总会不期而至。这让人压抑、苦闷，甚至陷入痛苦。其实，你的心情不该如此。面对已经发生的事情，就由它去吧，学会坦然接受会让自己更从容。如果仍然走不出失意的焦虑，那就果断转身逃离吧！

小时候，杰克和几个朋友在一间废弃的老木屋里玩耍。有一次，他从阁楼上爬下来的时候，左手食指上的戒指钩住了一根钉子，结果整个手指脱臼了。

一阵刺痛后，杰克吓坏了，手指失去了知觉。后来，那根手指废掉了，左手只剩下四根手指了。失去了才懂得珍惜，杰克无法承受缺少一根手指的事实，整天生活在自卑、焦虑中，陷入了无穷无尽的烦恼。

有一天，杰克和爸爸外出，在楼道里遇见一个开电梯的老人。令人吃惊的是，老人失去了左手，从腕部生生截断了。"太不幸了，比我还惨呢。"杰克心里默念着。

趁着等电梯的时间，杰克问老人："请问，您少了那只手，是否觉得特别难过？"老人摇摇头，淡定地说："不，不会的，孩子，我早就忘记了它的存在，已经习惯了失去左手的生活。你会为剪掉的头发闷闷不乐吗？"

老人一句幽默的玩笑把杰克逗笑了。从那一刻开始，杰克释然了，不再为自己失去一根手指而烦恼。既然已经成了现在的样子，为什么不乐观面对呢？

人生最大的痛苦是不懂得回头，在没有意义的事情上浪费时间和精力，结果失去了许多美好的东西。勇敢面对现实，行不通的时候选择改变，人生就会减少很多痛苦和压力。

生活中总会有一些不如意、不开心的事情。面对这些烦恼，与其在纠结中苦苦挣扎，不如及时回头，离开现在痛苦的状态。愚蠢的人自寻烦恼，因为他们不懂得变通，缺少转换思路的机智，一旦遇到麻烦就认为这是倒霉的开始，并信以为真。聪明人面对各种烦恼，会选择躲避或改变，所以减轻了伤害和苦痛。

如果思考方式、办事理念始终停留在原始状态，不曾做出改变，自然无法适应环境变化，也无法有效改变心境，重获快乐与幸福。研究发现，一旦被墨守成规的思维方式控制，人们对各个问题的判断、理解就会局限在特定范畴内，跟不上节拍，与周围环境不协调。

人是充满智慧的动物，告别懒惰、等待，学会变通、尝试，才不会沿着一条道路走到黑。许多有成就的人都有一颗开放的心灵，对新事物保持着高度热情，从不拒绝来自外界的批评，并乐于做出一切尝试。

聪明的人并非只知道往前冲，更懂得在必要的时候回头看看自己身后。面对眼前的艰难，尝试换个方向，你会发现一个新世界。

| 第 14 章 |

◆

概率逻辑

坚持做难而正确的事，人生必有所得

成功人士善用概率思维解决问题，极大地提高了人生胜算。谈判、投资、炒股、择业、恋爱……你以为别人取得成功只是靠运气，其实是概率逻辑在支配一切。

穷不可怕，可怕的是安于贫穷

人生的每一天都应该是崭新的一天，生命的意义就在于日日更新。只愿闲坐着回味昔日的成就，平静地走向人生的终点，会阻碍心灵的成长，扼杀了想象力与创造力，让人不思进取。

哲人说，"要做进取者，永远站在队伍的最前列"。整个世界就是一个竞技场，人的一生都处在比赛中。要想不断进取，在比赛中获胜，就必须学会尝试。勇敢行动是成功的开始。敢于尝试促使你不断向成功迈进，从而避免懈怠。

"贫穷本身并不可怕，可怕的是安于贫穷的思想。"世界上大多数人呱呱坠地时都是不名一文的，可是最终有贫富之分，是思想的问题。一旦安于现状的思想扎根心底，我们就会丢失尝试之心，也就永远走不出失败的阴影。

人的一生中总会遇到这样或那样的机遇。许多人与机遇擦肩而过却浑然不觉，但是更多的人选择为自己创造机遇。与机遇擦肩而过之人是胆小怯懦的，在机遇面前犹豫不决，不敢轻易尝试，最终人生满是遗憾。而为自己创造机遇的人必是勇气十足之人。

在海边有一个平静的小渔村。村里人世世代代都靠捕鱼为生，他们秉承网开一面的传统，放过小鱼苗以便能够源源不断地捕捞到鱼。

近年来，由于渔村的人口增加，生活压力增大，渔民们抛弃了祖先的忠告，开始对附近海域的鱼类赶尽杀绝。慢慢地，海里的鱼越来越少，

第14章
概率逻辑 | 坚持做难而正确的事，人生必有所得

一些品种已经灭绝。渔民们的收入逐渐减少，已经很难维持生计。他们这才意识到违背祖训的危害。

村里人商量后急忙凑钱从外地买来鱼苗撒进海里，但是鱼苗长成能被捕捞并能繁衍后代的大鱼需要很长一段时间。村里人世代捕鱼，根本不会其他的谋生手艺，在这段等待的时间里，他们将过得非常辛苦。

有一位叫加里的小伙子想到了出海捕捞，大人们都劝他打消这个念头。他们说，在很久以前，村里边也有人为了多赚钱，想到出海捕鱼。但是，他们没有出海经验，渔船也只适合在浅海工作，去了一批又一批的人，没有一个人回来。

加里说："在这段等待的时间里，肯定会有人饿死或者病死。与其等死，倒不如鼓起勇气拼一把。"

几天后，加里准备了充足的淡水和食物，驾着改良后的渔船出海了。大人们都在海边为他祈福，希望他能安全回来。一个月过去了，加里还没有回来，村里人认为他已经葬身茫茫大海，都为他惋惜不已。

过了几天，加里回来了。他的渔船已经非常破旧，但是里面满载着各种各样的海产，一辈子没有离开过浅海的村里人看得眼花缭乱。后来，越来越多的人跟着加里出海捕捞，小渔村逐渐成为大型的渔港。

歌德说："如果你失去了财产，你只失去一点；如果你失去了荣誉，你将失去许多；如果你失去了勇气，你就把一切都失掉了！"

勇气是成功的助推器，如果一个人拥有足够的勇气，所有的困难、挫折、阻挠都会为你让路。勇气有多大，就能克服多大的困难，就能跨

过多大的阻碍。你完全可以挖掘生命中巨大的勇气，去尝试新的事物，给人生换上一副崭新的面孔。

敢于尝试是成功的开始，是成就伟业的第一步。切莫安于现状，与成功擦肩而过；不要勇气不足，与机遇失之交臂。鼓起尝试的勇气吧，一片新的天地正在不远的前方等着你。

让大数据告诉你该做什么

每年，微软差不多都有七八百万条原始客户数据等待处理，其中有600万条来自第一现场，大多是用电话传递过来的，也有一部分是从网上发来的。还有100万条来自Premier，它是微软面向企业客户的最尖端支持服务。

另外还有一些客户数据来自其他多种渠道。比如，支持工程师在处理电话时，把电话记录的问题输入数据库。网络在线的问题记录可以直接进入数据库。而电子邮件上提出的问题也能方便地转化成有条理的格式被输入。

这些数据集中反映了顾客对微软产品的意见，从这些反馈中微软得到了许许多多的启示。为了更好地利用这些信息，发挥它们的最大价值，微软通过对数据集中分析，列出问题优先处理表，并向每个开发组推荐若干个解决方案，同时还包括新产品特色。这种结构化的反馈使开发组提升了工作效率。

微软的启示在于，经营者要学会用数据读懂客户，从中获得有价值

第14章
概率逻辑 | 坚持做难而正确的事，人生必有所得

的商业情报，为决策提供依据。而所谓客户数据，其实是商业活动中广泛接触到的各种客户信息。

客户信息是客户关系管理的基础。数据仓库、商业智能、知识发现等技术的发展，使得收集、整理、加工和利用客户信息的质量大大提高。著名的"啤酒与尿布"的数据挖掘案例就很有启发意义。

沃尔玛对顾客购买清单信息的分析表明，啤酒和尿布经常同时出现在顾客的购买清单上。原来，美国很多男士在为自己的小孩买尿布的时候，还要给自己带上几瓶啤酒。而在超市的货架上，这两种商品离得很远。因此，沃尔玛就重新分布货架，即把啤酒和尿布放得很近，使得购买尿布的男人很容易看到啤酒，最终使啤酒的销量大增。

办公自动化程度、员工计算机应用能力、企业信息化水平、企业管理水平的提高都有利于客户关系管理的实现。我们很难想象，一个管理水平低下、员工意识落后、信息化水平很低的企业能从技术上实现客户关系管理。

有一种说法很有道理：客户关系管理的作用是锦上添花。现在，信息化、网络化的理念已经深入人心，很多企业有了相当不错的信息化基础。关键是要把事情做到位。

客户数据不在多，在于用。仅仅拥有大量的客户信息，并不能保证一定能够提高客户忠诚度，经营者必须确保所收集的是最相关的客户信息。倾听能够对客户的行为和偏好产生影响的客户态度，将会为我们提供"一个更为坚实的基础，从而能够制定和实施旨在提高客户忠诚度的各项战略"。

挖掘大数据的价值,从概率角度能极大地提升成功的精准度。计算机、通信技术、网络应用的飞速发展使这种想法不再停留在梦想阶段。除了建立信息档案,还要重视信息的利用,也就是通过对信息的分析、汇总,得出有价值的情报,进而科学决策。

错误不可避免,它是世界的一部分

凡事只要有出错的可能,就一定会出错。这个定律源于20世纪40年代。当时,有一位名叫墨菲的空军上尉工程师嘲笑一个同事很倒霉,说了这样一句话:"如果一件事情有可能被弄糟,让他去做就一定会弄糟。"

墨菲定律告诉我们,即使人类变得很聪明,不幸的事还是会发生。因为容易犯错是人类与生俱来的弱点,这是不可避免的。正如古人所说:"人非圣贤,孰能无过?"既然我们无法避免犯错,就要在犯错之后勇于担当,多思考补救之策,同时努力争取成功。

乔治·华盛顿小时候,父亲托朋友买回一棵樱桃树,把它种在果园边上,并挂了一个牌子:任何人不准碰。樱桃树长势很好,春天开满了白花。不久就可以吃到樱桃了,父亲心里特别高兴。

这几天,有人送给华盛顿一把明亮的斧子。他很喜欢,拿着斧子到处砍树枝、砍篱笆,砍着砍着就来到果园边上。看到那棵樱桃树,华盛顿突然想试试自己的斧子有多锋利,能否砍倒一棵树。于是,他举起斧子砍下去,樱桃树瞬间倒地。

傍晚，父亲忙完农活来到果园，发现心爱的樱桃树被砍倒在地，顿时惊呆了。回到家后，他质问华盛顿："谁把我的樱桃树砍了？你知道吗？"

华盛顿脸色煞白地看着父亲："爸爸，是我用斧子砍的。"这时，华盛顿心里很难过，也非常惭愧。他知道自己干了傻事，惹父亲不高兴了。

父亲接着问："告诉我，孩子，你为什么要砍那棵樱桃树？"

华盛顿结结巴巴地说："当时我正玩得高兴，想试试斧子是否锋利，没想到……对不起，爸爸。"

父亲把手放在华盛顿的肩头说："失去樱桃树，我很难过，但我也很高兴，因为你鼓足勇气说了实话。我宁愿要一个勇敢诚实的孩子，也不愿拥有一棵枝叶茂盛的樱桃树。记住这一点，孩子。"

华盛顿无意间砍倒了父亲心爱的樱桃树，虽然这个行为让人很生气，但是他及时认错、知错就改的态度更值得肯定，因为他具备了最为宝贵的品质——诚实。

很多人在做事的时候，虽然已经预见到可能出现的错误，但是仍然硬着头皮按照自己的方式行事，结果酿成更大的错误。更有甚者，他们企图掩盖错误，最终造成无法挽回的局面。其实，犯错也是一种成长，既然错误不可避免，就要避免三种糟糕的态度。

（1）掩饰错误——错误总会在某个时刻无法避免地暴露出来，而且比当初更加严重。

（2）把自己的错误推到别人头上——这种做法迟早会被人看穿。

（3）对错误耿耿于怀——自我批评当然是好的，但是保持自信也非常重要。

成功是一个不断试错的过程，前提是勇于承担错误，因为只有从错误中吸取教训，才能弥补自己的不足；只有经历了失败的痛苦，才能真正体会到成功的欢乐；只有经历了失败的考验，才有做人的担当与责任。

关键时刻必须"独断专行"

"夫英雄者，胸怀大志，腹有良谋，有包藏宇宙之机，吞吐天地之志也。"曹操的这番话，说的正是成大事者要敢于决断、善于决断，迎来良好的发展局面。

进行决策的时候需要从各个渠道搜集信息，才能获得全面的决策依据，正所谓"凡谋事贵采众议，而断之在独"。但是，在进行最后决策的时候，就要依靠自己的判断了，反而不能听从他人的见解。关键时刻"独裁"是成大事者应有的狠劲儿。

美国总统林肯任职以后，有一次和六个幕僚在一起开会，提出了一个非常重要的法案。在征询大家意见的过程中，出现了看法不统一的情况，于是大家围坐在一起激烈地争论起来。客观地说，每个人的意见听起来都有道理，但是林肯还是认为自己的见解更周全，也就是说，他认为自己是正确的。

到了最后决策的关头，林肯坚持按照自己的意见决策，但是遭到六个幕僚的一致反对。尽管如此，林肯还是不妥协："虽然你们都表示反对，

第14章
概率逻辑 | 坚持做难而正确的事,人生必有所得

但是我仍然会宣布法案通过。"林肯这种做法表面上看忽视了大多数人的意见,是一种独断专行的行为。其实,林肯之所以这么做是有周密考量的。

首先,林肯仔细研究了六个人的意见,发现他们都存在纰漏,只有自己的方案最合理。其次,他认为领导人在做出决策的时候不仅要善于发扬民主的作风,还要在关键时刻坚持正确的意见,哪怕它只得到少数人的拥护。就这样,林肯坚持己见,力排众议,在关键时刻做出了正确的选择。

"独断专行"一词通常给人"不考虑别人意见""办事主观蛮干"的印象,与"专横跋扈""一意孤行"异曲同工。毋庸置疑,做事应该杜绝独断专行,而要集思广益、群策群力。不过,对待某些人、某些事,关键时刻必须"独断专行"才能掌控局势。

生活中,每件事都牵扯到方方面面的关系和利益,作为当家人需要深思熟虑,但是关键时刻不能少了"独裁"的魄力和智慧。有时候,哪怕前景不明朗,也要敢于做出决定,表现出非凡的决策能力。

积极的"独断专行"还有另外一层意思,即毫不犹豫,敢于冒险。遇事犹豫不决,难以打开局面。快速做出决断,绝不拖泥带水,才会推动事态发展。即便做出了错误决断,甚至遇到了挫折,这种关键时刻的决断力也是不可否定的。

(1)培养多谋善断的素养

成大事者善于当机立断,有敏捷的思维,才能在复杂多变的情况下应付自如。现代社会瞬息万变,机会稍纵即逝,只有善于抓住机遇,当

机立断，才可以有所建树。当然，当机立断不等于盲目冲动地喊打喊杀，正确的分析、判断是当机立断的首要条件。

（2）始终树立全局观念

科学决策必须站得高，望得远，善于掌握事物的发展规律，预见未来的发展趋势。这就需要有统率全局的战略头脑，既要看到眼前的利益，也要看到长远的利益，既要看到利润的多少，也能发现背后的风险。

大势不好未必你不好

做任何事情都要注重趋势，找到适合自己的发展路径。研究社会经济不难发现，大多数公司都是在对市场的混沌认识之下发展起来的，开始的时候，它们往往无法把握未来的发展趋势。

在互联网刚刚被大家认识的时候，搜狐、新浪这些公司的创业者们也不知道网站到底怎样做才好，甚至走了一些弯路，最后才回到正确的轨道上来。那时候，互联网还没有形成规模，还不被大多数人了解和看好。在大势不好的情况下，早期创业者用自己的智能成就了互联网的繁荣时代，公司规模迅速扩张，并成功上市。

然而物极必反，随之而来的是被业界称为"互联网的冬天"的低谷期。恰恰是在这个冬天里，另一家公司却实现了事业的强势逆转，阿里巴巴创始人马云在当时呐喊："让互联网的冬天更长一些吧！"

在他看来，尽管行业发展遭遇寒冬，公司的外部环境恶化，大浪淘

第14章
概率逻辑｜坚持做难而正确的事，人生必有所得

沙却磨炼了队伍，也消灭了无数竞争对手，一旦春天来临，公司会迎来发展的新天地。

因此，大势不好未必你不好。谋大局者要善于在行业发展的冬天生存下去，而不至于倒下，这样才能延续生命，甚至获得新的发展机遇。"当行业热潮渐退的时候，业界开始流传冬天来临的说法，如果说真的是冬天，这个冬天到底是谁的冬天？"冬天来临，究竟鹿死谁手还不知道呢，只有坚持下来才能笑到最后。

坚持批判思维有助于把握大势，避免被牵着鼻子走。以企业为例，遭遇发展危机并非只是外部环境作用的结果，根本原因在于内部出了问题。为此，经营者要避免以下几种错误决策：

死守过时的方法。企业只有走自主创新的道路，并坚持持续的技术创新，才能在竞争中形成自己的核心竞争力。新经济下没有旧经济，只有守旧者。公司不发展就没有效益，更没有出路，一味地死守仅有的一点有限资源、紧抱着陈旧的思想观念和过时的管理制度不放，前面的道路必将是一条死胡同。

盲目投资。许多人只是听说某行业很赚钱，就盲目跟风，导致到最后市场不但饱和，而且都把产品做烂了，所以死了一大批公司。

大势不好的时候，行业内一些发展不良的组织会倒下，这非但不是冬天来临，反而有利于行业的良性发展。因为正是这些落伍者的消亡，给众多盲目的追随者敲响了警钟，从而令他们理性思考未来发展的问题，结束浮夸成风、急功近利的做法。有格局的人能够看清这一切，在理性思考中牢牢把握前进的方向。

哪里有抱怨，哪里就有机会

在纯粹竞争的行业里，抓住客户才是商业的根本。如果一个创业者想把自己的事业做大做强，那么他就应该把最大的精力投放到对客户需求的了解上，从而引导客户购买本企业的产品或服务。

阿里巴巴的成功表面上看是商业模式、经营战略的胜利，但在本质上得益于马云真正把客户放到了第一位，把为客户创造价值放到了第一位。

在阿里巴巴，客户的利益高于一切。客户的利益从哪里来？当然要看客户的需求是什么，而客户的需求又从哪里来？这就考验阿里人的智慧了。很多时候，客户不会表明自己的真实想法，经营者必须为此下一番功夫。

杭州有一家很有名气的饭店，有时需要提前几天才能约到座位。这一天，李先生带着一个客户到这家饭店用餐，点好菜便等着用餐。过了一会儿，餐厅经理走过来，对李先生说："先生，您可以重新点菜吗？"

李先生非常疑惑，问道："为什么？我们点的菜卖完了？"经理笑着回答："不是，是您点的菜不合适。您点了四个凉菜一个热菜，大冬天多吃热菜或点一道汤品，对身体更好。我们这里有很多好菜，您可以再看看。"

这家饭店的确在为客户着想，而且及时纠正客户的失误。客户满意了，为饭店赢得了声誉，会为饭店带来很多潜在的客户。

第14章
概率逻辑 | 坚持做难而正确的事，人生必有所得

许多时候，发现客户需求离不开创意性思维，从不同的视角看问题。那么，如何了解并引导客户需求呢？

（1）用提问的方法了解客户需求

要了解客户的需求，最直接、简单而有效的方式是向对方提出问题，通过对方的回答知道自己想要的答案。比如，你可以直接向对方提问："请问您需要哪方面的服务呢？"也可以有选择地提问："您觉得 A 和 B 哪个方案更适合您呢？"还可采用征求式提问："您是否满意我们的产品？您觉得有哪些地方需要改进呢？"

（2）通过倾听客户谈话了解客户需求

马斯克的演讲能力很强，但是他更善于倾听。他喜欢倾听一切声音，只要对特斯拉有利的都愿意听，尤其是来自客户的声音。马斯克认为，与客户进行沟通时必须集中精力，认真倾听客户的回答，站在客户的角度理解谈话内容，摸清客户在想什么、需要什么。只有尽可能多地了解对方的情况，才能为其提供满意的服务。

（3）通过观察了解客户需求

与客户沟通的时候，我们要眼观六路、耳听八方，通过观察对方的非语言行为（比如眼神或肢体语言），了解其欲望、观点和想法，进而掌握他们的需求。有时候，客户会对你的产品和服务不满，表露出抱怨的眼神和情绪，这时候要从中发现有价值的情报，为商业决策提供科学依据。

先了解市场和客户的需求，然后再找相关的技术解决方案，这样成功的可能性才会更大。对经营者来说，为客户服务是真谛，要多为客户

着想。客户满意了，企业才会成功。

推而广之，无论你从事何种行业，担任何种职位，都应该善于倾听各种抱怨，从中发现有价值的情报，并在此基础上提出改进之道，实现自我迭代。挑战越大机会越大，孤勇者都是敢于迎难而上的人。

每个成功者都是"狠角色"

薰衣草的香味已经依稀可闻，但一座大山挡住了去路。翻越大山将历经磨难，绕道而行或许不用承担风险；紫罗兰就开在悬崖的对岸，一座独木桥屹立在深渊上，走上独木桥有可能摔得粉身碎骨，绕道而行或许可以平安无恙。

在这种情况下，行者分成了三类：一类人在困难面前唯唯诺诺，最终选择绕道而行；一类人在困难面前犹豫不决，始终没有付诸行动；另外一类人当机立断、迎难而上，直面人生的挑战。

结果可想而知，绕道前进的人因为道路过长，错过了花期；犹豫不决的人只能闻闻花香、看看花朵，而直面挑战的人最终欣赏到了无边的美景。人生也有许多类似的岔路口，处在人生抉择的关键时刻，第一类人是懦弱之人，第二类人是平庸之人，第三类人是值得尊敬的强者。

岁月是一把刀，催人老去，不但年华不再，雄心壮志也消耗殆尽。在时间面前，任何人似乎都是弱者。与其等待岁月的摧残，不如奋起抗争，在有限的时光中努力奋进，哪怕摔得伤痕累累也无怨无悔。当你老了，你可以骄傲地说："岁月不饶人，我亦未曾虚度岁月。"

第14章
概率逻辑 | 坚持做难而正确的事，人生必有所得

17岁那年，李嘉诚毅然地辞去了茶楼的工作，到一家塑胶厂当上了推销员。掌握关于推销的技能，对于生性腼腆、常常在陌生人面前显得较为拘谨、内向的李嘉诚来说，不是一件简单轻松的事情。但是，他做得很好。

在推销中，李嘉诚学到了如何与客户打交道，如何揣摩对方的心理，如何达成交易，如何完成谈判工作。李嘉诚说，从事推销工作，至为关键的有两点：一是勤奋；二是创新。

当初做推销工作时，李嘉诚总是在路上把要说的话想好，准备充足，并且练了又练。实际上，当时只有17岁的李嘉诚，仍长着一张让成年人无法信赖的孩子脸。但是他很聪明，总会预先告诉客户自己的年龄，而且是经过加工之后的年龄；再加上他那让人信赖的诚实的目光，李嘉诚推销起来无往而不胜。很快，李嘉诚的推销成绩在全公司遥遥领先。

凭借艰苦奋斗、不懈努力的精神，李嘉诚一路走来，从给别人打工到自己创办企业，生意一步步做大。再后来，他把握住每一次经济周期，开始多元化投资，并开启全球化战略。

香港一家媒体曾经这样说："李嘉诚发迹的经过，其实是一个典型的青年奋斗成功的励志式故事，一个年轻小伙子，赤手空拳，凭着一股干劲儿勤俭好学，刻苦耐劳，创立出自己的事业王国。"

虽然最初只是一个茶楼卑微的跑堂者，一个五金厂普通的推销员，而且只有初中教育背景，但是李嘉诚毫不气馁。他在漫长的岁月中苦苦修炼，终于跑赢了时间，成为商界的风云人物。

海洋从来不会风平浪静，所有的船舶只要到大海里航行，就要承受

暴风雨的洗礼,接受暗礁的挑战。人生就像大海里的航船,只要不停止航行,就会遭遇风险。苦难是上帝为每一个人设定好的磨炼,不要拒绝泥泞的道路,因为是它在为你书写人生。不要恐惧厄运的降临,因为是它在熔铸我们的性情。

　　机会总是伴随着一定风险或困难降临的,如果你总是心怀恐惧,就一定会与机会失之交臂。心怀恐惧之人,在面对选择时总是患得患失、优柔寡断。他们很难按照自己的意愿果断做出决定。而坚强勇敢的人无惧挑战,在奋斗中活出了自我,赢得了尊敬。

| 第 15 章 |

跨界逻辑

领导力决定一个人的办事效率

今天,领导力不再是某些人的专属能力,它已经成为每个人生存、发展所需的硬技能。无论你是组织领导者,还是个体工作者,学习一系列可操作、可践行的方法,或挖掘自身潜在的隐形领导力,已成为一门人生必修课。

高情商领导都是情绪的主人

一个人最大的敌人不是别人,而是他自己。领导者受到内心欲望、外部利益的干扰,很容易失去理性,在团队管理上乱了章法,在组织决策上出现重大失误。

麦当劳公司创始人雷蒙·克罗克说:"我学会了如何不被难题压垮,我不愿意同时为两件事情操心,也不让某个难题,不管多么重要,影响到我的睡眠。因为我很清楚,如果我不这样做,就无法保持敏捷的思维和清醒的头脑以应付第二天早晨的顾客。"

领导能力的高低在很大程度上取决于你的人际交往能力。如果知道如何管理情绪,你将更加成功。

成为好领导其实就在一念之间。在管理工作中,比的是能力,是策略,更是情商。高情商的领导一般都有不俗的表现,因为他们是情绪的主人,不仅善于控制个人情绪,也能有效调整团队的心理。

布朗是一家广告公司的经营者,由于业务开展得很顺利,他心情不错,对事物总是持有乐观的看法。无论客户还是员工,都非常喜欢他。

公司业务从一个城市拓展到另一个城市,业务员始终不离不弃。他天生就是一个鼓舞者。每当有老朋友询问近况,布朗会说:"我过得很好,非常喜欢现在的工作和状态。"如果哪个员工心情不好,他也会告诉对方怎样乐观地看待生活。

多年来,无论遇到什么事情,面对多大困难,布朗都能乐观应对,丝毫不会表现出无力感。

"你的情绪这么好，如何做到的？"一位做生意的朋友前来取经。

布朗回答："每天早上，我一醒来就对自己说，你今天有两种选择，可以选择心情愉快，也可以选择心情不好。我选择心情愉快！

"每次有人跑到我面前诉苦或抱怨，我可以选择接受他们的抱怨，也可以指出积极的一面。我选择后者。

"每次有坏事发生时，我可以选择成为一个受害者，也可以选择从中学习一些东西。我选择从中学习。"

多年来，布朗始终保持积极乐观的情绪，主动调整心情，所以面对再大的压力和困难，他都能从容应对，表现出卓越的领导智慧。

健康心理的维护是领导者必须注重的一项内容，也是预防心理异常最好的方法。面对困境、危机和压力，如果领导者倒下了，整个团队离失败也就不远了。因此，学会自我调适，开展有效的情绪管理，是管理者的当务之急。

（1）正确对待工作中的紧迫感

身为团队领导，每天要面对繁重的管理工作，压力之大超出常人想象。强烈的紧迫感让人无所适从，难免精神紧张。为此，领导者要学会自我调剂，包括提升工作效率，避免因压力过大导致心绪紊乱。

（2）保持和谐的团队关系

领导者处在一个特殊的位置，在工作中要面对纵横交错的人际关系网络。工作中善于沟通，建立和谐的人际关系，有助于收获好心情。有了良好的人际关系，才能有健康的心理，否则就容易乱了方寸。

（3）处理日常事务坚持量力而行

人贵有自知之明，对自己的能力和体力应有正确的估计和认识。感到力不从心时，切不可逞匹夫之勇，急躁冒进，而应"有理、有利、有节"，抱着求实的精神，注意劳逸结合，适可而止。

对肩负重任的领导者来说，及时发现自身存在的心理问题，开展有效的情绪管理，才能有效增强心理素质，提升办事能力。

鼓励身边的人获取成功

心理学家杰士·赖尔曾经说过："对于人来说，赞美就好比温暖的阳光，缺少了它，花朵就不会绽放。可惜，很多人只喜欢向别人浇冷水，而吝啬于撒播一点赞美的阳光。"你我何尝不是如此呢，当我们回顾往事，是否能发现总有一些赞美的话语改变过自己的人生？

用赞美取代批评，用鼓励代替责骂，这也是心理学家史基诺教学原则中的基本观念。他曾经用动物和人做了许多实验，发现随着减少批评而增加赞美，会增强人前进的动力。但缺少关注和鼓励，则人的行为能力和状态都会逐渐减弱。

19世纪，英国伦敦，一个年轻人梦想成为一名作家。但事与愿违，命运始终在和他开玩笑。接受了不到4年的学校教育，父亲就因为无力偿还欠款而锒铛入狱。这个年轻人只得忍饥挨饿，饱尝人世艰辛。后来，他在一个破旧的工厂仓库找到一份粘贴标签的工作，晚上则与另外两名来自贫民窟的男孩睡在一处阴暗潮湿的小阁楼里。

他对自己的写作能力实在没有信心，每次都等到夜深人静时才偷偷溜出去，把写好的稿子投进邮筒里，害怕被别人知道而遭受嘲笑。他不断写作，却没有一篇文章被采用。他并没有放弃，虽然寄出去的稿子最终都被退回来了。

最后，伟大的一天终于来临，他的作品被采用了。虽然没有收到一文稿费，但那名编辑写了一封信称赞他。年轻人因为这突如其来的赞誉而激动得难以入睡。夜晚，他漫无目的地在街头游走，泪水喷涌而出。

这次投稿所得到的称赞和认可使年轻人的命运发生了改变。假如没有那位编辑的激励，他很有可能放弃写作，终其一生都在那间破旧的工厂里粘贴标签。那年轻人的名字，你一定不陌生，他就是英国大文学家查尔斯·狄更斯。

每个人都渴望被人赞美和肯定，但是没人喜欢那些虚伪的奉承和假意的恭迎。谈到影响他人，请从现在开始真诚地鼓舞身边每一个努力前进的人。

正如我们喜欢在比赛中呐喊助威一般，看着运动员在呼喊声中夺得佳绩，自己也会兴奋喜悦。我们的鼓励不仅仅是赢得一场比赛那么简单，还可能会影响别人的一生，激励他们踏上成功之路。

这是不是有点夸张了呢？不，绝对没有。美国最杰出的心理学家和哲学家威廉·詹姆士曾经说过："与所具有的本质相比，我们只不过清醒了一半。通常，人们只运用了身体上和精神中的一小部分资源，更多的地方还等待着我们去开发、探索。很多能力都被习惯性地糟蹋掉了，这的确很令人心痛。"

不错，我们具有很多未知的能力，只是被习惯性地抛弃了。每个人身上都有尚未被挖掘的领导力，但是许多人不知道珍惜，只会自怨自艾。说话办事的时候懂得从大处着眼，透过无形的影响力改变事态发展方向，我们就容易达成所愿。

创造接纳沟通的心理氛围

任何一个人的情绪都很容易受到周边人或者团队氛围的影响。在一个积极的团队中，消极低沉的队员也会被团队的气氛所感染，慢慢改变自己的情绪状态。创造良好的情绪氛围不仅会发挥出1+1>2的效力，还会让队员鼓起自信，变得更加默契。

沟通不仅是一种说话技巧，更是一种社交艺术，在团队建设中发挥着不可替代的作用。正如哈利勒·纪伯伦所说："一场争论可能是两个心灵之间的捷径。"一个人沟通能力强，自然善于表达，并懂得聆听，而这恰恰是领导力不可或缺的组成部分。

托马斯·桑德斯三世是一家投资公司的负责人，他专门寻找成长中的公司。身为企业界发掘未来之星的高手，他平时较为注重那些擅长与客户沟通的公司。而他最近拜访的一家珠宝批发公司就精于此道。

桑德斯花了一天时间参观这家公司，但是只在电话销售处待了15分钟，就明白了这家公司成功的关键。她说："这家公司处理顾客电话是非常有效率的，并且服务质量也相当高。'没问题''请你参照我们的目录第 600 页，就可以找到价目表了'，一个电话大概 15 分钟，但是沟通效率很高，确保了高质量的服务。"

卓越的领导力有一个重要表现，就是当事人谦逊为人、谨慎行事，他们懂得放低姿态把更多的人聚拢在自己周围，耐心倾听大家的想法，创造良性沟通的氛围。即便遇到难缠的员工或下属，他们也懂得激励大家敞开心扉，化解潜在的冲突。

因此，能真正激励别人的沟通才是有效的沟通，才能在弥合分歧的基础上让大家一致行动，这也是所有成功者拥有卓越领导力的重要表现。由此看来，好的领导者不会安于现状，也不会固步自封。他们不仅会保持在行业领域内的顶尖水平，还会提升对其他各个领域的认知和理解。

美国前总统里根被称为"伟大的沟通者"，这称呼绝非徒有虚名。变幻莫测的政界让他了解到与服务对象沟通的重要性。所以即使身居高位，他也仍保留着阅读选民来信的习惯。这并非是他的创举，早在一百多年前，亚伯拉罕·林肯总统也是这样做的。

当时，任何美国人都可以直接向总统请愿，所以林肯经常亲自回复请愿者的信，偶尔让助理帮忙。虽然这遭到不少人的批评，因为当时正值国家内战，但是林肯总是对这些小事亲力亲为。因为他深知自己的职责所在，而民意是行使职责的基础。

罗马剧作家帕布里亚斯·席洛斯在两千年前就说过："只有在他人对我们感兴趣时，好感才会不由自主地涌上心头。"所以，凡事都尝试着接纳别人，会创造一种信任、合作的氛围。拥有更高的领导力，就要大胆地说出自己心中的想法，并尝试去做一个合格的听众，让没有生机的观点在热烈的讨论中得以重生。

沟通并非易事，因为它需要双方都积极思考并努力参与的氛围，在这种环境中提出自己的想法，与其他人进行有效的讨论，经过一番努力就可以解决问题。在团队沟通这个问题上，领导力强的人会调动他人的积极性，促使对方敞开心扉，充分表达想法。

爱护每个人，哪怕是你的敌人

众所周知，爱护自己很容易做到，但是像爱护自己一样爱护世上的每个人，做起来很难。不过，犹太人做到了这一点，他们信奉这样一句话："谁是最强大的人？化敌为友的人。"

在历史的长河中，犹太人受尽迫害，历尽坎坷。当犹太人有能力主宰民族命运的时候，他们却并不像当年别人迫害他们那样迫害其他民族。相反，他们以平常心对待其他人，甚至用爱心帮助对方。

约瑟夫是雅各的儿子，从小很聪明，深受雅各的喜爱。结果，他遭到了兄长们的忌妒，被卖到埃及为奴。出乎意料，长大后的约瑟夫在埃及成为宰相。

有一年因为家乡闹饥荒，兄长们结伴来到埃及寻求食物，刚巧碰上了约瑟夫。看到兄长的那一刻，约瑟夫高兴得情绪失控，对着仆人大喊："所有的人都让开！"

等仆人离开后，约瑟夫走到哥哥们面前说："我是约瑟夫，父亲还好吗？"可是，哥哥们此时并不认识约瑟夫，一时间不知道说什么，也不知道该怎么办。

接着，约瑟夫又对哥哥们说："你们走近些，看清楚，我是你们的约瑟夫，你们曾经把我卖到埃及。"

兄长们简直不敢相信自己的耳朵，当他们意识到眼前的一切都是真的，顿时惊诧得说不出话来。他们看着约瑟夫如此威风，权倾天下，心里充满了恐惧。

然而，约瑟夫却说："现在，你们不要因为把我卖到这里而自责不已，那是上帝为了救我的命，才把我送到了这里。家乡发生了两年饥荒，我到埃及恰好躲开了灾难，以一种特别的方式活了下来。"

约瑟夫把自己少年时所受的苦难看成是上帝拯救自己的行为。显然，这是一种宽以待人、化敌为友的待人之道。

在犹太人的心中，无论什么民族、什么国家的人，都应该视为兄弟。只要是兄弟，就应该爱护每个人，关心每个人。对犹太人来说，爱护就是为了给予别人而放弃自己的某种东西。作为一种善举，给予爱护的时候千万不可轻视对方，否则宁可不要表达关爱。

如果关爱别人是为了获取更多好处，这种关爱就没有任何存在的意义了。"爱别人是无条件的"，它不仅是犹太父母时常给孩子灌输的一种品质，更应该成为每个人的博爱情怀。

犹太商人一直认为，爱护每个人，包括自己的敌人，才能在商界长久立足，才能获得更多的财富和人脉资源。

《塔木德》说："人的心胸，应该比红海更广阔。"犹太人始终记得，怎么对待别人，别人就会怎样对待你，如果你能爱护世界上的每个人，就会得到全世界。

借力用力是最高级的成功

三国时期吴主孙权说："天下无粹白之狐，而有粹白之裘，众之所积也。夫能以驳致纯，不惟积乎？故能用众力，则无敌于天下矣；能用众智，则无畏于圣人矣。"这段话的意思是，善于借助他人力量的人，常常可以击败竞争对手，而善于借助他人智慧的人，可以和圣人一比高下。

一个人想成就伟大的功业，单靠自己的力量是不行的。善于用人，让有才干的人为自己效劳，才是真本事，才能成大事。

历史上，集立功、立德、立言于一身的曾国藩曾经深刻指出：用人为第一要务。这位晚清"中兴名臣"提醒我们：必须清楚自己该干什么，不该干什么，要时刻明确自己的角色，才能正确做人、做事。

在曾国藩看来，一个团队的统帅不必拘泥于细枝末节，他的主要职责应该是合理使用各种人才，带领大家在整合各种资源的基础上实现发展目标。

有一次，曾国藩带领部队围剿太平天国。这时，弟弟曾国荃准备攻打安庆城，于是请他多留几天，帮着指挥作战。但是，曾国藩委婉地谢绝了这一请求。因为他非常清楚，自己不是一个带兵打仗的好手，只是一个善于统御人才的领导。

第15章
跨界逻辑 | 领导力决定一个人的办事效率

时刻明确自己的"领导"角色,并且把"用人"作为最重要的工作,曾国藩无疑做到了这一点。因此,他成为重视人才、善用人才的高手,并在无边的宦海中纵横捭阖、功成身退。当时,与曾国藩观点相异的左宗棠也对其做出了中肯的评价:"谋国之忠,知人之明,自愧不如忠辅。"

而在楚汉之争中,刘邦之所以能够击败项羽,最终问鼎天下,在于他做到了人尽其才,充分发挥了张良、萧何、韩信等人的本领。刘邦在总结自己的成功经验时说:"运筹帷幄、决胜千里,我比不上张良;筹集粮草、保证物资供应,我比不上萧何;统率百万雄兵、战无不胜,我比不上韩信。我能够获得成功,是借助众人智慧的结果。"

著名思想家韩非子在《八经》中写道:"下君尽己之能,中君尽人之力,上君尽人之智。"意思是说,只知道用自己力量去做事的,是下等智商的人;能用别人力量去做事的,是普通智商的人;能利用别人的智慧去做事的,是上等智商之人,是高明之人。一个人在向一个目标挺进时,不要完全依靠自己的力量,要善于借助外部条件、外界因素,这才是聪明的做法。

自古得人者昌,失人者亡,纵览古今历史,无一例外。一个人的野心可以无限大,但是必须有出色的统御人才的技巧,才能借力登天,成就伟业。为了与他人建立关系,获得帮助,我们可以运用三种方法:以情动人,以理服人,以利诱人。

借力用力成大事,除了学会使用人才以外,还有一层含义就是借助他人的力量达到某个目的。通常,这个目的是隐晦的,潜藏在自己内心深处，借力用力的韬略谙熟于心就可以了。

在奋斗之路上，各种利害关系错综复杂，各种人际冲突彼此交织，这就需要借助其他力量，来降低或合理地转嫁不可控的风险，达到预期目标。反之，如果没有这种能力，那么许多事情都无法推进，你对局面的掌控力也会大打折扣。

在集体中完成你的个人理想

如何处理个人与团体的关系？最聪明的做法是把二者合在一起看，不把它们分开看。也就是说，透过团队来完成自己的目标，实现个人抱负，在处理个人与组织的关系上是一种智慧的表现。

这一道理并不难理解。一个人没有团队做后盾，孤军奋战，无论有多大能耐，也难以打开局面。就好比一个人没有靠山，没有背景，他如果还四处张扬，必然遭到压制。这一点，与讲究个人表现、个人魅力，崇尚个人英雄主义，有很大不同。

秋天，大雁总是结伴往南飞，队伍一会儿成"一"字形，一会儿成"人"字形。那么，大雁为什么要编队飞行呢？

科学研究证实，大雁编队飞行能够产生一种空气动力，也就是说，编队飞行的大雁能够在自己飞行的同时，为别人创造省力的机会。

另外，大雁的叫声激情四射，能给同伴以激励和鼓舞，使整个团队不断保持前进的信心和毅力。在团队中，大雁不但能获得归属感，也能充满生机与活力。

第15章
跨界逻辑 | 领导力决定一个人的办事效率

然而,当一只大雁脱离飞行队伍时,它会立刻感觉到独自飞行的艰苦,所以会很快回到队伍中,继续利用前一只大雁带来的翼尖涡流向前飞行。

一个编队飞行队伍中最辛苦的莫过于领头雁。当领头雁累了时,它会退居到队伍的侧翼,另外一只大雁会取代它的位置而继续领飞。总之,大雁在集体中获得了新生,在协作中找到了自己的价值。

经验表明,治理国家要依靠贤才和民众。信任贤才就像对自己的心腹一样,使用民众就像用自己的手足一样,这就能使国家的战略不出现失误。

每个人的智慧是有限的,你要借助他人的力量取胜,而不是一味显露自己的才华。这就要求我们善于调动各种资源,发挥集体的智慧,最终实现预期的发展目标。为此,你要把握如下几点:

与身边的人实现内部信息共享。一个组织是由许多成员组成的,每个人都掌握着自己工作岗位上的一手信息,我们要及时全面地获取来自各个方面的真实有效的信息,实现信息共享。

密切关系,建立友好的气氛。信息的传递过程必须借助人与人之间的沟通来实现,想要从他人那里获得有价值的信息,必须首先建立双方的良好互动关系。如果彼此关系僵化、缺乏合作精神,我们就不能保证信息真实有效。

一个人的财富再多、地位再高,也要放下身段与大家搞好关系、打成一片。做人的时候,善于合作、保持微笑、不搞小圈子,才能融入大家庭;做事的时候,顾及对方利益、学会换位思考、懂得合作共赢,才能尽得人心。在集体中成就自己永远是成功的不二法门。

| 第 16 章 |

◆

逆袭逻辑

好起来的从来不是生活，而是你自己

做人如果没有梦想，跟咸鱼有什么分别？太多人过着平淡无奇的生活，在没有悬念的剧本里起舞，一颗火热的心渐渐失去温度。在人生这条路上，能带给人安慰的只有梦想和奋斗。

| 人生底层逻辑 |

走过人生的鄙夷与不屑

成果未得，先尝苦果；壮志未酬，先遭失败。这样的情况在生活中比比皆是。一个人追求的目标越高，就越能敏锐地感受到逆境的存在。先哲说："所有的危机中都藏匿着解决问题的关键。"人生的挫折和苦难中都蕴含着成长和发展的种子，然而，能够发现这颗种子的人并不多，所以世上多是平庸之辈。

不堪一击的花朵出自温室，高可参天的大树来自险峰，平静的池塘培养不出优秀的水手。恶劣的环境或危险的强敌会让人们时刻准备迎接挑战，督促人们在奋力拼杀中闯出一条血路。任何时候，谁能勇敢走过人生的鄙夷与不屑，谁就能成为时代的强者和赢家。

对于一幅雄壮的风景画来说，它的精妙之处不在于波澜壮阔，不在于姹紫嫣红，而在于有画龙点睛之妙的不经意的一笔。逆境就是人生路上这不经意的一笔，看似多余，让你厌恶，让你不知所措，却是激发潜力不可或缺的部分。换句话说，挫折能激发人的潜能，增强人的韧性和解决问题的能力，能让人格在对抗苦难时不断完善。

诺曼毕业于一所普通大学，在校期间功课和社会实践成绩都不出众，在招聘会上却被一家世界五百强企业录用。于是，校报派记者采访这家企业的招聘负责人，对方说："诺曼同学的表现非常出色，他几乎满足我们所有的要求，是企业最需要的员工。"

校报的记者非常奇怪，找到诺曼寻求答案："诺曼同学，恕我直言,你平时学习成绩并不出众,也不太喜欢参加社会实践和集体活动,为什么在这次招聘会上能被世界五百强企业录用,并得到非常高的评价呢?"

诺曼思考了一会儿,说道:"这大概要归功于我之前在应聘中遇到的挫折。"原来,在毕业之前半年,诺曼已经开始四处应聘了。他认为自己不优秀,如果想得到一份好工作,就必须笨鸟先飞。

没有社会经验,成绩、形象都不出众,诺曼在这半年的时间里一直忧心忡忡。开始时,他的表现糟糕至极,脾气好的面试官会耐心地提出一些可行的建议,脾气差的面试官就直接恶语相向。每次面试完,诺曼会分析原因,记录得失。半年来,他参加了一百多场面试,几乎每天都在面试,而那本厚厚的面试记录本成了他宝贵的财富。他吸取了这一百多次应聘的经验教训,所以在这次学校招聘会上表现出众,最终得到面试官的肯定。

每个人都害怕逆境,但有时候逆境给予我们的要比顺境给予的更多。真正让人热爱生命的不是阳光,而是死神;真正让万物生长的不是天高云淡,而是严寒酷暑;真正逼迫你坚持到最后的,不是亲朋好友的支持,而是对手的压力;真正促使你奋勇拼搏的不是优越的条件,而是人生路上遭遇的打击和挫折。

行进于人生漫漫的旅程,有绿洲也有沙漠,有平川也有险峰。不要试图躲避逆境,也不要害怕苦难来敲门,逆境对你来说正如严寒之于梅花、磨砺之于宝剑。

主动形成自律生物钟

人类体内有一个生物钟，它与现实生活中的时钟原理相同，都具有报时的功能。不同的是，时钟向人们报出的是时间，而生物钟向人们报出的是该做某件事情的信号。

对一个有午休习惯的人而言，每到午休时间，他的生物钟就会通过犯困、疲惫等生理反应，发出午休的信号；经常锻炼的人，如果没有及时做运动，生物钟会通过心理暗示提醒他该去锻炼了；到了吃饭时间，生物钟会通过饥饿来提醒人们该吃饭了……

生物钟的形成与一个人的生活习惯息息相关，可以说，生物钟就是人类对习惯的记忆。任何事情有规律地坚持一段时间之后，就会形成习惯，并成为生物钟。想要形成自律的生物钟，需要从以下几点着手：

（1）让自律变成一种习惯

让自律变成一种习惯，这就要求人们在生活中经常使用自控力。比如，当你想向诱惑屈服时，就要发挥自控力的作用，不要给自己任何放纵的理由，必须运用自控力抵御住诱惑。时间一长，就会习惯性地抵御诱惑。如此一来，自律就变成了一种习惯。

很多家长认为爱孩子就是满足他的一切愿望。当要求得不到满足，孩子便会大哭，想通过这种方式达成所愿。而家长见到孩子哭，就像被踩到尾巴的猫一样，慌手慌脚、方寸大乱、毫无原则，什么要求都答应。

时间久了，这样的生物钟就形成了，孩子想要做什么，即便家长不同意，他们知道只要大哭，家长便会乖乖地答应。等到孩子长大了，提出的要求超出你的能力范围时，你又该怎么办？孩子又会有什么样的行为？因此，对于任何人而言，让自律变成一种习惯都是非常必要的，因为任何人都不能为所欲为。

（2）针对某一方面培养自控力

由于每个人的生活轨道不同，我们可以有针对性地培养自身的自控力。比如，团队领导者除了有明辨是非的能力之外，还必须有海纳百川的度量，即便别人提出的意见具有批判性，也要理性地分析。而客服工作者则需要培养耐心听取客户投诉的自控力。从事不同工作的人都要培养不同侧重点的自控力。

（3）不放纵自己，不破坏生物钟

人们习惯于苛求他人，放纵自己。养成好习惯之所以很难，是因为坚持下来需要强大的意志力和韧性。从某种意义上说，苛求自己是反人性的。

此外，一旦放松要求，做出改变，人们就会贪图舒适，再想回到以前就难了。因此，对于一些好习惯，千万不要随意找借口去破坏。正所谓"千里之堤，溃于蚁穴"，不经意地放纵自我终究会酿成大错。

做事可以枯燥，但心不能浮躁

"罗马不是在一天之内建成的！"在工作中有所建树，必须脚踏实地，认真做好每件事，把握好每个细节。伟大出自平凡，成功来自艰辛，如果不能沉下心来做事,很难成为业内的佼佼者,也无法有效提升个人的专业素养。

有的人无法静下心来做事,或者不喜欢现在的岗位,或者缺乏做事的耐心,从根本上说他们没有调整好工作情绪。对岗位职责要有清楚的认识,对工作技能要熟练掌握,对工作挑战要做好心理准备,并且具备顽强拼搏的意志……面对枯燥的工作,能够沉静做事,以这样的心境做事,才能日事日毕、日清日高。

鲍勃是小镇里非常厉害的建筑师,他的木工技术非常精湛,一辈子建造了无数精美结实的房子。因此,小镇上的人都非常尊敬他。随着年龄越来越大,鲍勃感觉精力大不如前。有一天,他告诉公司经理,自己准备回家与妻子共享天伦之乐。

对此,经理丝毫没有心理准备,对鲍勃有些不舍。最后,经理希望鲍勃再建一座房子,然后退休。所有人都看出来了,鲍勃已经不想认真对待这次任务。他使用材料时没有经过精挑细选,做工也不讲究了,每天早早收工。过了几个月,房子终于建好了。

鲍勃把房子的钥匙交给经理,说道:"我的任务完成了,明天可以不用来上班了吧?"没想到,经理把钥匙还给鲍勃,认真地说:"你在咱们公司忙碌了一辈子,创造了很大效益,非常感谢。这座房子就是公司送给你的礼物,感谢你的辛勤付出。"

听完经理的话,鲍勃震惊得说不出话来。看着经理真诚的态度,再想想自己建造这座房子时的工作态度,鲍勃感到十分懊悔与愧疚。

在以后的日子里,鲍勃经常把这段经历当作故事讲给孩子们,告诫

第16章
逆袭逻辑 | 好起来的从来不是生活，而是你自己

他们对待工作要认真踏实。

工作一段时间以后，人们会变得浮躁或焦虑不安，包括对工作内容失去兴趣。这都是正常的心理状态。对工作产生倦怠，如果不能及时调整，就会加深不满情绪，工作中变得消极怠慢，或是心生倦怠。他们似乎在用这种方式报复工作带来的不快，平衡内心的不满。殊不知，这不仅浪费了个人的时间和精力，也破坏了自己的职业道德。

一个认真负责的人，即使最后一天在公司任职，也不会改变原来认真的工作态度。他会用心把工作交接好，再坦然离去。这种职业情操是所有公司、所有团队需要的，也是个人胜任一切工作岗位的基本要求。

如果想在事业上有所建树，必须学会调整心情，始终以积极乐观的态度做事。时间久了会感觉工作无趣，此时要让浮躁的心平静下来。与出色的劳动技能相比，这种调节工作情绪的能力是必不可少的。

缺乏敬业精神，不具备团队协作意识，到任何一个公司任职都不会长久做下去。在竞争激烈的职场中，情商高的人能赢得更多被委以重任的机会。

这个世界上没有尽如人意的岗位，工作总有枯燥的一面，重要的是你如何调整情绪，投入自己的热情和努力，开创一片天地。尽心尽力地做好每一件事，一如既往地付出努力，你会发现一切辛劳都是值得的，而你也将得到丰厚的回报。

学会用努力战胜怒气

如果不良情绪一直闷在心里得不到发泄,就会像蓄积在水库中的洪水,早晚会将脆弱的心理防线冲垮。所以,有不良情绪就要主动宣泄、释放和疏导,这样才不至于造成严重后果。

愤怒的时候,不妨分析一下原因,找到问题的症结所在,然后想办法化解。学会用努力战胜怒气,胜过肆意发泄。

英国外科医生爱德华·金纳不断将"牛痘疫苗对抗天花感染"的论文呈给伦敦皇家学会,结果总是被拒绝。对此,金纳非常生气,但是他并没有被愤怒冲昏头脑,很快就重新振作起来。

1796年,女孩尼尔梅斯因手指被刺伤后挤牛奶而感染了牛痘,她的双手鼓起脓包,但她并没有相应的症状。金纳在她手指的脓包内取出少许脓液,用一根干净的刺针涂到一名8岁男孩菲普斯的左胳膊上,然后在涂抹处划了两道伤口,让脓液进入他的身体。

结果,菲普斯仅出现轻微发烧等感染症状,很快就恢复了健康。显然,这个过程与少女感染牛痘后的情形一样。不久,金纳又用牛痘脓液依照痘毒接种程序再一次接种到菲普斯身上,而菲普斯这次没有出现任何感染症状。

这件事验证了"牛痘疫苗对抗天花感染"的科学性,金纳成功了。这个坚强的人没有被愤怒占据心灵,而是化愤怒为动力,通过实验证明了理论的正确性。随后,金纳自己发行小册子,向医学界阐述这一理论。

医生们慢慢接受了"牛痘疫苗对抗天花"的理论。这种治疗技术逐渐被采用，并迅速传播到世界各地。

愤怒是一种无助的表现，因为没有更好的方法摆脱眼前的困境。一时的愤怒情有可原，如果不能及时控制情绪，为了某件事长时间陷入愤怒的情绪，很有可能会毁了自己。从另一个角度看，无法摆脱愤怒情绪，也是一种心理不成熟的表现。

研究发现，有一些人在心理承受力、耐受力和适应性等方面的表现超越常人，他们能够用努力战胜怒气，与社会环境及其周围人群形成良好的互动，在事业、人际关系等方面一帆风顺。这种情绪释放与心理掌控能力值得每个人学习、借鉴。

人生之路不可能一帆风顺，总会有些磕磕绊绊。面对别人的质疑和挑战，要学会调整心态，用持续努力战胜愤怒，在平心静气中惊艳世人。

大胆突破自己的舒适区

早在 1908 年，心理学家罗伯特·M. 耶基斯和约翰·D. 道森就曾做过关于"舒适区"和"最佳焦虑区"的心理学实验。

实验结果显示：相对舒适的状态可以使人的行为处于稳定水平，从而获得最佳表现，但"舒适感会消灭生产力"，一旦因期限和期望所造成的不安和焦虑消失，人们往往会活得心安理得，从而丧失学习新技能的干劲儿，工作效率随之降低，激情消退。

"生于忧患，死于安乐。"如果一味贪图"舒适区"的安全感，不思进取，得过且过，那么迟早会被激烈的职场竞争淘汰出局。要想避免"温水煮青蛙"的悲惨命运，就必须走出"舒适区"，到"最佳焦虑区"锻炼自己，挑战自己。

所谓"最佳焦虑区"，即压力略高于普通水平的空间。从心理学角度讲，如果你想保持"高效率"，就必须借助压力和适当的焦虑来督促自己。

3年前，王琦是一个木讷的程序员；3年后，他摇身一变，成了互联网行业颇有名气的投资人。他的传奇经历是朋友们津津乐道的话题，究竟是什么促成了王琦的重大转变呢？

编写计算机程序并不是一份轻松的工作，但随着工作经验增加，王琦从一个职场菜鸟逐渐成为一名资深"码农"。工作上不再有挑战，薪资虽难提升但还算优厚，尽管没有升职空间但很稳定，自从成为"熟手"，王琦的整个工作状态就进入"舒适区"，没有任何危机感和焦虑感。

人一旦习惯某个职业环境，就会出现环境依赖症，久而久之就会丧失"跳槽"或"离开"的勇气，因为不管是辞职还是转行都是"舒适区"之外的东西，是不确定的，是危险的。王琦在公司工作长达6年，要做出离职的决定是十分艰难的。

是继续做一个程序员，安安稳稳地工作，舒舒服服地生活，还是放弃现有职业，投身于一个完全陌生的领域？是选择稳定的收入，还是去风险中寻求更大的发展机遇？离职后去做金融投资万一失败了怎么办？家人会支持我转行吗？

一边是令人心动的新机会，一边是稳定舒适的旧生活，当两条路摆在面前时，王琦非常纠结。经过长达两个月的思想斗争，他最终决定离职,并跟随一位亲友转战金融投资领域。

尽管在刚刚进入投资领域时,遭遇了很多挫折和挑战,但回想起那段经历,王琦十分感慨地说:"事情一旦干起来了,就会发现远远没有想象中那么困难。如果当初没能走出'舒适区',没有做出改变,那么今天我肯定还是3年前那个木讷的程序员。"

(1)有意识地做点不同的事

沉湎于"舒适区"多半是过于单一、封闭的环境造成的,所以不妨有意识地做些与众不同的事情。比如,换一种工作方法,去陌生的餐馆吃饭,学习一项新技能,参加陌生的户外活动……这些改变看上去微不足道,但只要长期坚持,就必然能够在改变中找到新视角,从而开阔视野,增加心理上的隐性收益,并最终为我们走出"舒适区"提供精神动力。

(2)开放自己的头脑

"井底之蛙"之所以会自我感觉良好,是因为它的视野只有那么大。没有看到世界的全貌,没有看到其他领域的诱惑,我们自然甘于在"舒适区"中过安稳的日子。想改变这种状况,就必须让自己产生离开"舒适区"的动力,因此必须开放自己的头脑,可以多参加各类聚会,多了解不同的职业状况,多听听周围人的建议,运用头脑风暴法增加自己思维的广度等。

心怀不满的人什么都做不好

在我们身边,到处都有抱怨生活的人。他们对很多事情心怀不满,用牢骚表达自己的态度，在宣泄不良情绪中让人生更加灰暗。

因为心怀不满而抱怨，会让一个人丧失理性分析和判断的能力，最终误入歧途。那种无休止的牢骚、呵斥令人厌恶，会打扰一切美好的事物。而一个人失去了平和的心境，就无法安放自己的心灵，做任何事情都不得要领，让工作和生活一团糟。

读大学的时候，周凯在学校中就是风云人物，处处志得意满。毕业后不久，他就找到了工作。等到正式上班的时候，他依然保持着学生时代那份高傲的心气。

起初，周凯在工作中处理各种杂事，同事都称其为"助理"。这个词让他感到很难受。更令人无法接受的是，一些普通员工也指挥他打杂。结果，强烈的失落感让周凯彻底丧失了工作激情，也对职业产生了怀疑。

尽管心有不满，但是周凯提醒自己，要谦虚谨慎，认真对待工作。然而时间一长，他仍旧会情绪失控，常常被同事的话语激怒。

有一次，秘书请假了，周凯被指派到经理办公室整理文件。过了一会，经理让周凯帮忙煮一杯咖啡。显然，这种打杂的事情无法让人提起兴趣。经理瞬间看出了周凯心中不满，和蔼地说："是不是感觉打杂没意思？我相信你很有才华，但是年轻人必须从头做起，踏实走好每一步。"

接着，经理示意周凯坐到椅子上，两个人开始聊天。"年轻人，这个世界上不止你一个人心情糟糕，每个人都有发脾气的时候。"随后，经理把桌子上的一盆沙子推到周凯面前，然后伸手抓了一把沙子。接着，他握紧拳头，沙子从指缝间落下，寂静无声。

最后，经理深有感触地说："心怀不满的人找不到一把合适的椅子。

当你情绪低落的时候，要学会放手。无法抓住的东西就像这些沙子，终究会离你而去。"

原来，经理办公桌上的沙子是用来消解不良情绪的。他非常清楚，一个人只有先学会管理自己的情绪，才会管理好其他东西。一个人总是抱怨、牢骚满腹，显然无法处理好当下的事务。

心怀不满的时候，如何远离抱怨？怎样调整心态，积极接纳身边的人和事？对每个人来说，与生活和解确实是一种智慧。

（1）让自己安静下来，整理思绪

妥善处理好各种事情，必须让心静下来，别让负面情绪干扰理性判断。总是抱怨生活不公，总是诉说工作无聊，会失去自省的机会，无助于改进工作方法。冷静之后整理思绪，才能发现问题的症结，找到改进之法。

（2）调整心态，看问题就会不一样

心境变了，人们看问题的角度、视野都会随之发生改变。一个人少了自省心，就会抱怨这个世界。调整一下心态，你会发现生活中的惊喜，从而与周围的一切和解。

图书在版编目（CIP）数据

人生底层逻辑 / 林祥著 . -- 北京：中国致公出版社，2023

ISBN 978-7-5145-2106-1

Ⅰ.①人… Ⅱ.①林… Ⅲ.①成功心理 – 青年读物 Ⅳ.①B848.4-49

中国国家版本馆 CIP 数据核字（2023）第 035533 号

人生底层逻辑 / 林祥　著
RENSHENG DICENG LUOJI

出　　版	中国致公出版社
	（北京市朝阳区八里庄西里100号住邦2000大厦1号楼西区21层）
发　　行	中国致公出版社（010-66121708）
责任编辑	王福振
策划编辑	张俊杰
责任校对	魏志军
装帧设计	司　俊
责任印制	李小刚
印　　刷	三河市新科印务有限公司
版　　次	2023 年 4 月第 1 版
印　　次	2023 年 4 月第 1 次印刷
开　　本	710mm×1000mm　1/16
印　　张	16
字　　数	175 千字
书　　号	ISBN 978-7-5145-2106-1
定　　价	58.00元

（版权所有，盗版必究，举报电话：010-82259658）

（如发现印装质量问题，请寄本公司调换，电话：010-82259658）